艾玛·沈／著
杨舒乔／插画

KIDS' ROAD TO WEALTH

高财商孩子

人人都能学会的理财故事书

中国铁道出版社有限公司
CHINA RAILWAY PUBLISHING HOUSE CO., LTD.

内 容 简 介

本书把日常那些让人望而却步的理财大道理，用一个小学生的口吻，把贴近生活的理财知识融化在每个小故事里，以和妈妈对话的方式，通透明了地讲出来。

除了介绍那些基本的理财知识外，还详细地教我们如何使用理财工具。在本书的每章后面，还贴心地准备了亲子练习，帮助家长和孩子一起慢慢理解和运用越来越深入的概念，寓教于乐。

你可以把它作为一本亲子育儿书，也可以作为一本理财启蒙书，无论何种需求，你都能在本书里找到答案。

图书在版编目（CIP）数据

高财商孩子养成记：人人都能学会的理财故事书 / 艾玛·沈著 .
—北京：中国铁道出版社，2019.3（2023.1 重印）

ISBN 978-7-113-25217-5

Ⅰ．①亲… Ⅱ．①艾… Ⅲ．①家庭管理—理财—儿童
读物 Ⅳ．① TS976.15-49

中国版本图书馆 CIP 数据核字（2018）第 282669 号

书　　名：高财商孩子养成记：人人都能学会的理财故事书
作　　者：艾玛·沈

责任编辑：张　丹　　编辑部电话：(010)51873028　　邮箱：232262382@qq.com
封面设计：MXK DESIGN STUDIO
责任印制：赵星辰

出版发行：中国铁道出版社有限公司（100054，北京市西城区右安门西街 8 号）
印　　刷：北京柏力行彩印有限公司
版　　次：2019 年 3 月第 1 版　　2023 年 1 月第 7 次印刷
开　　本：880mm×1 230mm 1/32　　印张：8.625　字数：238 千
书　　号：ISBN 978-7-113-25217-5
定　　价：59.80 元

给孩子最好的礼物

两个月前，远在大洋彼岸的艾玛发消息来，邀请我给她的新书写序，我有点受宠若惊，和惶恐不安。虽然我的职业是大学老师，写作、写评语是我的日常功课，但是写书评，关键是给一本讲亲子理财的书写书评，听上去好像只有亲子那部分和我比较有关系。为什么呢？ 我来讲讲艾玛和我。

初识艾玛，是 15 年前。那时，我们一起在香港大学读研究生，气味相投，又有缘被分到一个宿舍，两个人很快就成了形影不离的至友。不过现在看来，那时的两个年轻女孩，有再多的共同话题，有一个地方还是有着千差万别的，那就是理财的观念。那时，我们每个月的奖学金有 1 万多港币。没什么经济负担，又青春年少，努力完成学业之外，都算是恣意潇洒地过了两年。但是，两年之后，在我打起行李准备来美国读博士学位的时候，扁扁的钱包里只装了几百美元。而艾玛，在研究生第二年的时候，已经付了首付，给自己在香港九龙买了一套公寓。

这么一想，我又觉得自己真的太合适给这本书作序了。不是因为我是专家，而是因为我对理财一窍不通。如果你和我一样，是一个一看理财的书或者金融术语就头疼的人，这本书，就是写给你的。它到底好在哪里，我来按照学术八股文的模式给你摊开来讲讲。

通俗易懂。当过老师的人都知道，有的时候重要的不是你知道多少，而是你能把多少你知道的东西用学生可以理解和接受的方式讲出来。这本书特别好的地方就是把平常那些让人望而却步的理财大道理用小学生都可以理解的方式通透明了地讲出来。比如，画个草帽曲线可以帮助我们理解人一生的财富收支，踩个单车也能悟出投资的两种收益。若是讲给我快上小学的儿子，他也一定愿意听。

有趣有益。再好的道理，若只是划重点，讲关系，论条理，读起来也是干瘪晦涩。这本书用一个小学生的口吻，以日常在家里，学校里，社会里所见所想的事情做引子，以和满有智慧的妈妈对话的方式，轻轻松松讲出理财的点点滴滴。为什么女孩要富养，男孩要穷养？为什么商场里总有各种的打折促销？小朋友做家务应不应该奖励？我什么时候可以退休？一天只有 24 小时，可是我需要做作业，参加各种兴趣班，还有同学聚会，还想玩抖音，怎么办？你有想过这些问题，或是你的孩子有问过你这些问题吗？如果有，请翻开书，你一定会在看似日常的母女对话里找到满有智慧的答案。

循序渐进。如果这本书的内容仅限于回答上面的问题，那它只会是一个适合茶余饭后随便读读的关于一个喜欢思考的小学生的轶事。但当我读到后面第六篇第七篇，看到市盈率，基金定投的概念时，我才发现，原来艾玛除了要介绍那些最基本的理财理论之外，还要认真地教给你实实在在的理财工具。每章的最后还贴心地准备了练习，帮助你和孩子一起慢慢理解越来越深入的概念，寓教于乐。我越往后看越觉得自己"装备升级"，可以迎接更大的"挑战"和更难的题目了。

三观端正。你一定会问，一本讲理财的书和三观端正有什么关系？但是反过来可以问，一个懂得理财但不懂得理财目的的人，钱多了就能更快乐更充实吗？我最欣赏这本书的地方，就是自始至终贯穿在书里清晰明了的"理财价值观"。理财就是理生活。学习这些理财的规律、窍门，说到底，不是为了账户上的数字多几个零，而是给你一个可以让你终身受益的工具，帮助你更好地规划自己的人生，更清楚生活的意义，更早实现人生的梦想，有更多的自由。

我喜欢书的结尾，那个喜欢问妈妈问题的小学生，已经变成了羽翼丰满，有不少投资经验的高中毕业生。她要一个人面对世界，开启充满各种可能性的新生活了。那时，她妈妈已经给她做了最好的准备。这不是每一个父母都想给予孩子们的吗？

我要谢谢艾玛，写了这本易读又实用的亲子理财书。我和她在理财上的差距已经不止十万八千里了。但我会把我学到的教给我的儿子，说不定有一天，他也会成为那个财商高的孩子。

—— 美国爱荷华大学副教授　郭漫博士

序 2 ↘

PREFACE

被动收入、主动人生

艾玛·沈发微信让我给她的第二本书写序，这个信息首先就令我吃惊："第二本书？我只知道你生了第二个孩子，都不知道你居然已经出了第二本书。"拿到书稿我又吃一惊，亲子理财："艾玛，你是文艺小清新呀，居然都教人理财了。"看完书更有一个完全意想不到的结尾：靠着理财的本领，作者居然可以送孩子去美国、欧洲上大学，一年的学费居然只需要她一个月的被动收入。也就是说，即使不工作，作者靠着投资所得的被动收入，也早已过上了我等闲人奢望不上的生活。

时光转回到 2005 年，那时，艾玛是香港大学社会科学学院的一名在读硕士生。我们共用一个办公室。我的年龄、阅历远远跑在艾玛的前面，蒙她有礼，总是尊称我为"师姐"。她爱在深夜耕耘在各种文艺论坛，直到现在还保留着网上写贴的爱好，所以在我心里她一直是一个文艺小清新。但她又有着特别野性和活力的一面，我至今记得某一个深夜，她对着办公室的落地玻璃窗，教我跳 Sasa，真是扭出了另外一种"风情"。那个画面在我心目中已成为永久的定格。

港大毕业后，我和艾玛不定期在深圳、香港短暂相聚，每次她的身份和造型都不按常理出牌，总是出人意料。有身穿龙凤褂、手上戴着十几个金手镯的她，在一场盛大的香港的传统式婚礼上，刚刚领过毕业证的艾玛，摇身一变成为她们那一届毕业生里最早结婚的新娘；还有身着职业套裙，连表情也变得成熟高级脸的她，深港联动自立门户开公司；还有从中环办公楼偷闲出来和我们喝咖啡的她，混合着干练与烂漫两种气质……艾玛总在突破，不走寻常路，年纪轻轻已然成为一个传奇。

阅读这本书的过程，却让我几乎忘却了时光对于艾玛的雕刻，而全然沉浸于她以女儿的口吻所描述的"理财家教"。现金流、被动收入、草帽曲线……这些理财概念或许以前也曾在财经新闻里一晃而过，我却从来不认为这和我的生活能够发生什么切实的联系。中国改革开放三十年的经济奇迹，给我们这代人一个错觉：总觉得实现财务自由，先决条件是做金领、创业、扬名立万、中彩票、站在能飞起来的风口等等等等，总之，先要赚到很多很多很多一辈子花不完的钱，然后再来谈理财。艾玛以她的亲身个人经验告诉我们：这些观念统统是错误的。人只要有收入，不管多少，都可以理财。正确的理财知识和实践，再加上持之以恒，任何人都有可能实现像她那样的财务自由。

这本书还有一个难以取代的优点是通俗性，以小朋友的口吻讲述财经故事，内容知识点却十分硬核，可谓成人理财入门必备。在我们这个时代，机场书店最显眼的位置总是摆放着理财书，不断循环放映的小荧屏里总是有经济大师在教授你如何规划人生，但那些是生硬的解读，对于我们这样的初级读者和理财小白来讲，就好比房间里的大象，我们每天经过它，但我们每天都可以想办法视而不见。艾玛通过自己的女儿来讲理财，把最贴近生活的财经知识融化在小故事里，从我们都要打交道的超市、手机、品牌、衣服打折讲起，激发我们经济独立与自我把控人生的梦想，是一本枕边必备、通俗易懂、知识点全面而深刻的好书。它迅速冲破了我们对于"理财"不必要的畏惧心态，刷新我们的理财观，从理财的视角来重新审视我们的人生。正如书中最具启发性的一个概念"被动收入"。如果你从来也没有这个理财观，你的人生将一直是被动的。而你一旦建立了这个理财观，你就主动把控了自己的人生。

　　书中的小主人公真要感谢自己有艾玛这样一个好妈妈，而我们作为读者如果能将书中理财之道贯彻于自己的生活中，哪怕只有十分之一，实现财务自由、人格独立、思想绽放也指日可待了。

　　再次恭贺艾玛！

——中山大学副教授 裴谕新博士

如何处理与孩子的日常矛盾：化干戈于玉帛，转哭闹为教育机会

在我的"美国社会福利政策和项目"课程里，有一堂课会讲到 Mi-chael Sherraden 以资产建设 (asset building) 为主导的扶贫研究和英美儿童储蓄账户的社会影响。我可以在课堂上滔滔不绝地给研究生讲金融教育在儿童阶段的重要，从小学会储蓄、管理、投资对孩子未来经济活动和成长的影响，但当我的 7 岁和 4 岁的两个儿子每次在商店哭闹着要我给他们买玩具的时候，我却总是词穷理亏，束手无策，不能很好地说服他们，也无法处理好孩子的要求和情绪。结果常会以两种情况收场：要么是我在孩子的哭闹中屈服，最后给他们买了玩具；或者是我坚持原则，让孩子一直哭闹到上车回家。

第一种结果的后患是孩子学会以哭闹为要挟手段，久而久之家里堆满了永远也收拾不完的玩具。第二种结果的后患则是我饱受孩子的哭闹，孩子也一肚子委屈，他们无法理解为什么父母可以随心所欲地买，他们却没有权利得到自己想要的东西，This is not fair!（这不公平！）这句话已经成了他们的口头禅。

大儿子上了小学之后，认识了一些家庭经济条件不错的同学，回家后他会很羡慕地告诉我某某同学家里有个电影院，某某同学家两层楼的房子里也有电梯，谁家有很大的游泳池、网球场，有兰博基尼……我没有太好的答案，就应付着告诉他，好好学习，努力工作，以后你也会有的。但我的内心告诉我，努力学习工作并不一定会为他带来巨大的财

富，跟儿子这么说其实有一定的欺骗性质，最让我难受的是我并没有解决财富差距给孩子带来的心理落差。

在养育孩子的过程中，涉及钱和财务的状况随处可见，由钱引发的矛盾和争吵也不计其数，我一直在想如何可以把这些场景和矛盾都转化成教育机会，培养孩子健康的金钱观，学习一些基本金融概念和手段，更重要的是，让孩子培养一个好的金融行为和习惯。

但对小孩子的金融教育本身就是一个很大的空白，市面上的金融书籍大多针对成人，强调金融知识的重要性，缺乏实际操作性，更缺乏可以把这些知识转化成孩子可以理解的概念和语言。我空有教育孩子金融知识的想法，却没有一个好的概念指导和工具来操作。

直到在简书上开始看艾玛写的一系列文章之后，我有如获至宝的感觉。她在平时的生活场景中，春雨润无声般地就把金融概念和知识给孩子解释得清清楚楚，最好的地方是她把这些概念融在一些具体活动或游戏中，让孩子在实践中去亲身体验那些概念，大大强化了他们的理解，增加了孩子活学活用的机会。

于是，当孩子再次抱怨家里没有游泳池的时候，我也学着让孩子先做个图表比较一下家里有和没有游泳池的费用比较，算一算一年下来的支出差异，以及用差异投资有可能带来的收益，最后由孩子自己来判断在家里挖个游泳池值不值。我也开始放权让老大管理自己的存款，和他一起讨论并制定用钱方向和原则，这似乎大大地减少了他到了商店耍赖要玩具的频率。

这次艾玛把她平时的实践和想法结集成书，系统地讲授在儿童金融教育方面的心得和方法，希望你也可以像我一样，从她的书里找到引导和教育自己孩子的最佳方法，让每个孩子都和钱建立一个健康的关系，学会克制，选择和管理自己的钱和自己的生活。

——美国圣地亚哥州立大学副教授 李亚文博士

"如果你不教孩子金钱的知识，将会有其他人代你来教他。如果要让银行、债主、警方，甚至骗子来进行这项教育，这恐怕不会是个愉快的经验。"

——《富爸爸》系列图书作者罗伯特·清崎

2018 年，是一个不平常的一年。

自年初开始，时尚界的纪梵希、学术界的霍金相继离世，90 岁的华人首富李嘉诚也宣布退休了，到 10 月连金庸大侠也都走了……颇有一代新人换旧人的征兆。

这个征兆在我家也开始显现。这一年里，女儿突然蹿得如我一般高。以往那两颊肥嘟嘟的肉不知何时已然不见，面庞光洁闪亮，浑身遮掩不住的青春活力。远远一看，以为是个成年了的妙龄女子，可想法依旧是个孩子——简单天真、心无城府。

过去未去，未来已来。每每看到这个全新的她，内心总会泛出一分迫切——想要尽快教她些什么，让她能在未来少走一些弯路。

可是，教她什么呢？未来的世界会怎样？我只能凭想象。

这一年，在中国去杠杆、调经济的关键时刻，与川普政府发动贸易纠纷，使得我们面对竞争更加激烈的外部环境。资本市场充满了挑战性。

现在已没有了低成本红利，如之前那样经济飞速增长、机会遍布的时代已经过去，L 型经济将成常态，各类资产也会被市场重新定价。加之，可预见到的未来，人工智能将会替代大量的重复性工种。这个世界早已

财务自由亲子养成记：人人都能学会的理财故事书

事殊时异，我们的成功经验无法复制。新一代的机遇在哪里？未来的红利会是什么？我没有答案。

我只能说，在信息爆炸、技术革新下极其不确定的未来，比知识本身更重要的是生存技能，比答案本身更重要的是正确的理念和思考方法。基于此，我想教她如何更好地生存，如何做出更好的选择。而困扰生存最大的难题，在于"钱"。

老一辈人认为孩子只需要好好学习就行了，至于钱，长大后自然就懂了。太早跟孩子讲钱，孩子会染上一身铜臭或好吃懒做的恶习。最多也就强调几句勤俭节约、量入为出罢了。以致到了成年，突然要承担生活重任，又要面对物资极大丰富的诱惑，变得无所适从起来。

到了我们这一代，自小受消费主义思潮洗礼，育儿观念有了很大转变。我们都明白财商教育的重要性，但自己都处于懵懂状态，也苦于没有合适工具在手。市面上的财商教育书籍大多比较浅显，只停留在培养孩子储蓄和消费习惯层面。财商培训机构也多流于形式，带着孩子们办张银行卡，认识各国钱币，去交易所体验敲钟，热闹是热闹，却没有太大成效。

面对拔苗一样蹿高的女儿，对她的财商教育已迫在眉睫。没有工具，怎么办？我决定自己写，把我平日对理财的思考以及在生活中的育儿实践，用她喜闻乐见的方式呈现出来。我把她设定为故事的主角，采用她熟悉的场景，记录下我与她的对话，还邀请她为书配图。

我这一颗母亲对孩子拳拳之心，就揉在这十万方块字里，希望能成为她人生的瑰宝，也成为她传承给自己孩子的礼物。也希望众多和我女儿一样大的孩子们，能喜欢这本书，更能从书中的知识点获益，从而能更轻松地面对未来不可知的世界。

—— 艾玛·沈

二零一八年十月三十一日　香港

目 录
CONTENTS

第一篇　理念

CHAPTER 01　补习社的相遇 · 2

1. 阿杰的妈妈 · 3

2. 我的懒妈妈 · 3

3. 读书无用论 · 5

4. 懒妈妈的应对之法 · 8

CHAPTER 02　做医生和天天玩的两位表叔 · 12

1. 月薪十几万的大表叔 · 13

2. 天天玩的二表叔 · 16

CHAPTER 03　文轩和阿杰打架了 · 20

1. 文轩的妈妈 · 21

2. 钱的魔力 · 22

3. 中年失业 · 23

4. 中产消费陷阱 · 25

CHAPTER 04　环保达人外婆与快乐真人奶奶 · 29

1. 外婆来自火星，奶奶来自水星 · 30
2. 两位老太太的理念 · 31
3. 生活的中庸之道 · 32
4. 草帽曲线 · 33

CHAPTER 05　文轩爸爸被抓了 · 38

1. 消失的阿杰 · 39
2. 文轩也不见了 · 40
3. 花钱可不是一件简单的事儿 · 41

第二篇　消费

CHAPTER 06　超市大作战 · 46

1. 神秘任务 · 47
2. 重要发现 · 49
3. 价格比较 · 51

CHAPTER 07　奶奶楼下的菜市场 · 54

1. 菜场与超市的不同 · 55
2. 价格、价值与供求关系 · 56
3. 货比三家 · 59
4. 稀缺的资源 · 60

CHAPTER 08　同学家的带泳池豪宅，实在太棒了·62

1. 选哪一款电饭煲·63

2. 列出两家的优缺点·65

3. 比较两家的投入·66

4. 找最适合你的，而不是最贵的·68

5. 抓住核心价值，剔除边缘价值，你就能大大降低价格·69

CHAPTER 09　在消费时，我们会遇到这些"坑"·71

1. 闪晶晶的海报款高跟鞋·72

2. 你只能看到月球的一面·74

3. 神奇的小镇·75

4. 消费者的四大权利·76

CHAPTER 10　在包吃包住夏令营里花了 1600 元·79

1. 控制不住地买买买·80

2. 妈妈的自省报告·82

第三篇　零用钱

CHAPTER 11　没有零用钱的阿东·88

1. 大人的担忧·89

2. 什么时候给零用钱，给多少·89

3. 修剪树型·91

4. 这是"我自己的钱"·92

CHAPTER 12　彤彤做家务、考试得 A 就能有额外零用钱 · 94

1. 穷养 or 富养 · 95
2. 孩子才是真正的空杯 · 96
3. 给零用钱要不要带条件 · 98
4. 零花钱，别与爱挂钩 · 100

CHAPTER 13　你就不担心我乱花钱吗 · 102

1. 零花钱的约法三章 · 103
2. 延迟消费 · 104
3. 棉花糖实验 · 106

第四篇　储蓄

CHAPTER 14　每天抓一把米的小媳妇 · 110

1. 心愿储蓄罐 · 111
2. 梦想储蓄罐 · 112
3. 意外之财 · 114
4. 储蓄的意义 · 115
5. 我想学尤克里里 · 116

CHAPTER 15　坚持下去，时间会给你惊喜 · 118

1. 荷塘效应 · 120
2. 世界第八大奇迹 · 121

CHAPTER 16　1 块钱，多久才能变 100 万 · 125

1. 一块钱的力量 · 126
2. 一个月算一次利息 · 127
3. 收益率与风险 · 128
4. 供求关系和通货膨胀 · 130
5. 收益率和久期 · 131

CHAPTER 17　我看到了妈妈的账本 · 133

1. 开始记账 · 134
2. 妈妈记的账 · 135
3. 做好预算 · 138

CHAPTER 18　奇奇怪怪的存钱秘法 · 142

1. 十二存单法 · 143
2. 台阶储蓄法 · 143
3. 金字塔储蓄法 · 144
4. 日增储蓄法 · 145
5. 零钱储蓄法 · 146
6. 组合储蓄法 · 146

第五篇　生涯规划

CHAPTER 19　阿媛的爸爸不用上班 · 150

1. 你是为钱工作吗 · 151

2. 三种现金流向图 · 153
3. 财富的两辆马车 · 157

CHAPTER 20   我们一起筑个梦 · 159

1. 明确的目标 · 160
2. 筑梦之旅 · 164
3. 画一条时间轴 · 166

CHAPTER 21   生活中的断舍离 · 168

1. 事情永远忙不完 · 169
2. 什么才是真正有价值的 · 171
3. 生活的快与慢 · 173

第六篇   投资心法

CHAPTER 22   钱生钱的第一堂课 · 178

1. 为什么很多大人不学投资 · 179
2. 投资，你到底投的是什么 · 182
3. 躲不了的风险 · 184

CHAPTER 23   像蟒蛇一样捕猎 · 186

1. 这家公司是贵还是便宜 · 187
2. 当一名好猎手 · 189
3. 其他几类投资 · 191

CHAPTER 24　在对的地方，和对的人，做对的事 · 193

1. 在对的地方 · 194

2. 和对的人，做对的事 · 195

3. 会骗人的感觉 · 196

4. 鸡蛋到底要放进几个篮子里 · 198

5. 分散投资的真正含义 · 201

CHAPTER 25　单车的前轮与后轮 · 203

1. 投资的两种收益 · 204

2. 资产还是负债 · 206

3. 比好资产更好的资产 · 209

CHAPTER 26　给我一个支点，我能撬动整个地球 · 211

1. 有趣的财富单车论 · 212

2. 上坡与下坡 · 212

3. 这是一条不归路 · 213

4. 借不借钱 · 216

第七篇　创富实战

CHAPTER 27　本金的原始积累 · 220

1. 非常重要的资产 · 221

2. 拼爹，还是投错方向 · 222

3. 盖住耳朵、守住规则 · 225

4. 便宜是硬道理 · 226

CHAPTER 28　投资也是可以偷懒的·230

1. 散户和专业投资人的区别·231

2. 懒人投资法·231

3. 懒人投资法的要点·233

4. 怎么选择指数基金·234

CHAPTER 29　我的两块被动收入基石·236

1. 我的第一块被动收入基石·237

2. 虚拟与现实·238

3. REITs 是什么东西？·239

4. 我的第二块被动收入基石·241

CHAPTER 30　妈妈的被动收入体系·244

1. 放眼全球，找 REITs·245

2. 两年的收益·246

3. 妈妈的被动收入·247

4. 债券·249

CHAPTER 31　后记·253

第一篇 理念

每个周六，我都会去上画画课。这个习惯，从我幼儿园开始，一直坚持到现在。不，不能用"坚持"这个词。我很享受画画课的时光。很放松，很舒适，不会再焦虑考试成绩、家庭功课、学校里的各种活动儿，就安安静静地坐着，随意用五彩的颜色，左涂右抹，不知不觉间，时光流逝，组成了一幅幅美好的画作。

我不知道自己画得好不好。妈妈说我画得越来越棒。但她从没要求我去参加比赛，所以，也不知道到底是不是真的很棒。

周围的同学，来了又走，像走马灯一样地换。大多数只学一个学期就不见了，最长的也才学三个学期。我的画画老师也换了好几位，只有补习社没有换。

我已经在这个补习社里学了 8 年，老板娘都不再把我当成客人。人手不够的时候，还会让我帮她看店。就像现在这样：画画老师还没来，老板娘急着出去取个东西，就让我帮她照看着。

1. 阿杰的妈妈

我坐在等候区的沙发上，无聊地东张西望。斜刺里，坐着阿杰的妈妈，低着头正在玩手机。阿杰是我的同班同学，都是五年级。他在这里补习奥数和中文，接下来会去另外一间补习社补习英文和小提琴。

他妈妈原来也要上班。三年前，因阿杰成绩不好就辞了工，一天到晚在家盯着他。偶尔有一次，妈妈送我来补习社，遇到她，两个人聊起来。听她跟妈妈说："都说'陪伴是最好的爱'，我们夫妻俩都忙，陪他的时间太少，错过了很多跟他相处的时光。后来我们商量了，由我辞职在家，守着他。"

事实上，阿杰的成绩不算差，在班里一直处于中上位置。他妈妈全职后，并没见有什么起色，阿杰反而越来越沉默起来。这也能理解：妈妈一天到晚地跟着，时间表排得满满的，学完这个学那个，喘口气都不行，跟"坐牢"没什么两样。换谁都这样。

阿杰爸爸好像在一间大公司工作，很忙，很少见到。有一次，我坐巴士，阿杰跟他爸爸就坐我前面。一路上，听到他爸不停地说教。来来回回就一个意思：要好好读书，考个好大学，找一份高薪厚职的工作。阿杰就一直低头玩手机，一声不吭。

在我家，情况恰恰相反——通常是我在不停说话，我妈低头玩手机。

2. 我的懒妈妈

我妈也没安排我上各种各样的补习课。学画画一画就是八年；学校里开了音乐剧课，我很喜欢，学了五年；四年级时，她硬要我去上机器人的课，我一开始不乐意，那是男孩子才玩的东西。后来，当我和其他人合作做出的火箭射出老远之后，我就喜欢上了。这一学，也学了两年。我觉得，之所以每个都学这么久，主要是因为我妈懒，不想老变化。

三年级时，她就让我自己去上学了。来补习社也是，都是我自己看时间，到了点，自己走过来。好几次，她都忘了我要上课这回事儿。

到了寒暑假，更夸张。直接把我扔进一个托儿所了事：

三年级寒假，把我一个人扔到了台湾那边的冬令营——去农场照顾马匹。而她和我爸过两人世界，逍遥快活。虽然只有短短四天，可天气那么冷，我睡在营帐里，都发烧了。

三年级暑假，她又扔我去深圳，学了整整一星期的野外团体作战和高尔夫。我本来皮肤就黑，一星期下来，成了一坨黑炭，于是爸爸一直叫我"黑炭公主"。

四年级暑假，我被扔去新加坡半个月。在那边十四天下来，我都把好玩的地方踏了个遍。

之后的寒假，她给我报了个帆船班，六天都待在船上，学怎么开船、扬帆、掌舵。她说，冬天在海上不会晒太黑。这……这……这……是亲妈吗？

六年级的暑假，我的目的地在悉尼。她说安排我住在悉尼当地人家里三个星期。这将是我第一次住在陌生人家里，还一次住这么久，想想心里就忐忑。

当然，每个假期都是又新颖又有趣，同学们很羡慕。可是，我很怀疑，每次把我甩掉后，妈妈一定特别地欢欣鼓舞。

姨妈家的女儿才上幼儿园大班，姨妈就急着教她认字。她老说：不能输在起跑线。连护士的护，这么难的字都得认识（我们认的是繁体"護"）。我妈好像总也不急。她从来没有像其他人的妈妈一样，为我考不考得上名牌大学而焦虑，也不安排我参加这个比赛那个比赛，更没要求我一定要考前三名、拿100分。

我常常想，我妈会不会没有像其他妈妈爱自己孩子那样爱我？

3. 读书无用论

有一次，我忍不住问："妈妈，你不给我报补习班，不怕我输在起跑线上吗？"

当时，妈妈在翻一本杂志，头都没抬，反问我："你不也在上补习班吗？"

"那不一样啊。我学的画画、音乐剧和机器人都是玩的呀。人家都补英文和数学。"看妈妈回答得这么漫不经心，我愈加不满。

妈妈继续低头翻着她的杂志："你现在的成绩不是蛮好的么。有必要补吗？"

我有些生气了："我才班级前十名。琳琳都前三了，她妈还一直找老师给她补课，要她考第一名呢。"

可能是我的语气不善，妈妈终于合上杂志，抬头看向我。那本杂志的封面是三个人，我认得他们，新闻里常常看到，是李嘉诚、马化腾和川普。人家的妈妈都看时装杂志，里面的人穿各种各样漂亮的衣服，戴闪闪发光的首饰，还会介绍很多好吃的、好玩的，多有趣。偏就我妈妈，看的杂志都是字，内容也晦涩难懂。偶尔有照片也是几个人穿着差不多的深色西装，摆着差不多的姿势，无趣极了。可她每周都买来看，一边看一边还会画重点。

妈妈看着我问："你喜欢像琳琳那样每天放学后还要马不停蹄地去补课吗？"

我讪讪然，垂头丧气不说话。其实我也不想那么辛苦。就是觉得妈妈不如其他妈妈那么关心我。

妈妈又问："那些补习社里的中英文和数学课，都是为了让你考试拿高分。拿高分，为了什么？"

"自然是为了考到好的中学，然后是好的大学，再然后是找份好的工作。所有爸妈都这么说。外婆和奶奶也常在我耳边念叨。"我觉得妈妈这个问题很白痴。

妈妈继续问："找份好工作又为了什么？"

我都想翻白眼了。我已经是五年级的高班学生了，妈妈把我当成小孩子看！"好的工作工资高，赚得钱就多，这样生活就能更好呗。"说完，我就后悔了。我的语气太冲。这是不是就是老师说的青春期反应？最近我的情绪很不稳定。

好在妈妈似乎并没有觉得我的语气不妥。她看着我莞尔一笑。每次她这么温柔地看着我笑，我就觉得她特别美。"什么样的工作是好工作呢？"

"医生？律师？公务员？或者像你们公司的投资经理或交易员？"我有些迟疑，其实我并不太了解好的工作有什么，这些都是平常老师同学们常提起的。

妈妈站起来，把我拉到她身边坐下，柔和地说道："你知道吗？2016 年 6 月，美国最大的银行 JP Morgan 启用了名为 Coin 的人工智能系统，用来分析文件、处理日常事务。这些工作从前需要律师、信贷员每年花费 360 000 小时才能完成，如今 Coin 只需要几秒钟就搞定了。而且人类会犯错，机器却是严格执行程序，错误率低很多。

七年前，著名投资银行高盛在纽约总部的美国现金股票交易柜台有 600 名交易员，每天日以继夜地工作。今天，自动化交易程序已经接管了高盛纽约总部的大多数交易量，这里只剩下了两名交易员留守空房。

原来因为会外语的人不多，翻译就很吃香，尤其是小语种，薪水很高，大公司也抢着要。可是，如今不一样了。你看看外公的手机，你对着它说中文，就能直接翻译出各种语言；对着外国文字拍个照，就能翻译成中文。现在这个技术刚刚兴起，影响还没有显现出来。不久的将来，翻译们也会越来越难找到工作。

我们刚刚住过的长隆熊猫酒店，那里的餐厅是怎么点菜的？"

我的思路马上穿越到之前去的长隆的餐厅想了想，说："自己在触摸屏上点菜，拿呼叫器，用手机直接在触摸屏上扫码付款，等呼叫器呼叫，就可以去柜台取饭菜了。非常方便。"

　　妈妈点点头："没错。原来每两三桌就要安排一个服务员，负责点菜、下单、端菜、收钱。如今这些工作都用机器搞定了，又方便又不会出错。现在只需要请几个服务员打扫卫生就可以了。"

　　我也点点头。我最喜欢妈妈跟我这么说话，听着妈妈娓娓道来，觉得整个世界只有我们两个。妈妈继续说："科技正在迅速地改变着我们的生活。曾经觉得很好的工作，像律师、精算师、会计师、交易员、投资经理，他们的很多工作都在逐渐被机器取代。十几年后，等你从学校毕业踏入社会，世界又不知道变成什么样了。

　　可是我们还在用旧的方式学习。

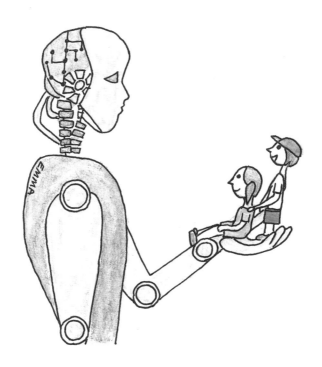

我们正在受到智能机器人的挑战

我们读书的时候，知识和资讯很难获取，必须在学校里学，在图书馆里找资料，所以学会了、记住了，就能比别人优胜一筹。现在，只要在网上搜索一下关键词，你就能找到成千上万的相关内容。那么成年累月地去背那些几秒钟就能在网上找到的知识又有什么意义呢？

当你用计算器立刻就能算出结果来，为什么还要反反复复花几年时间去练习加减乘除呢？你算得再快再准确，有计算器算得快算得准确吗？"

我有些傻眼了。难道现在的学习完全没有意义吗？那我还天天上学，每晚写功课做什么？

可能是我的眼睛瞪得太大了，妈妈猜到了我的想法。她继续说："学习的确很重要，尤其是小学时期的学习，是一切的基础：你必须认得一定数量的字，才能在网上检索和浏览；读一篇文章，你必须能够理解它的含义；你必须了解生活的基本常识；也得明白最简单的数学概念。不会这些，你什么也做不了。"

我知道。不认得字，玩不了电脑游戏，出去玩找不到路。我那95岁的太婆婆，每次和我们一起上街，都要感慨几遍："识字真好，能看得懂路牌，知道怎么走。"

妈妈继续道："当你掌握了这些最基本的知识后，学习就不再是学校里的那些练习了。"

4. 懒妈妈的应对之法

妈妈："未来的世界是什么样的，我们谁也不知道。可以预见到的是，智能化程度会越来越高。

短期而言，机器不会一下子取代大多数岗位，但会从人工费用较高、且较容易被云计算和大数据替代的行业突破，比如精算师、处理文件的事务律师、交易员等，这些职位一直被认为是特别好的工作。它们的薪水很高，但工作内容有既定规则，可以通过数据运算来取代。企业为了降低人工费用，也愿意花大金额投入使用智能科技。

简单来说，就是那些机械地靠背诵和重复练习就能胜任的工作，未来将大范围地被人工智能替代。而我们如今的教育却依旧以反复背诵和重复练习为主。"

我好像明白了，可眼前还是一团迷雾，茫然问道："那我们应该学些什么呢？"

妈妈又莞尔笑了一下，像定心剂一般，让我踏实了下来。她继续说："无论以后怎么变，有几样能力是无法被机器所替代的：独立生活、独立解决问题的能力，与人沟通合作的能力，以及创造力。

读书很重要，所以我还是要求你在学校认真学习、认真完成功课，这是未来学习其他知识的基础。在完成了基本学业的前提下，你还可以通过其他途径学习其他本领。

音乐剧和机器人需要小组合作，需要依靠与他人的沟通和配合。

参加各地的夏令营或冬令营，不仅锻炼了独立生活的能力，还能看到多元的世界，了解到香港以外的人是怎么生活的。当你看多了不同的生活方式，你就慢慢不再纠结于眼前的小问题。在你遇到困难的时候，思路也更广阔一些。这些其实都是在学习。"

"那画画呢？"我追问。

"画画是你喜欢的呀。人活一辈子，为了什么？不就是和喜欢的人一起做快乐的事吗？但是，既然喜欢，就一定要坚持下去。还记得我跟你讲过的一万小时定律吗？"

"就是坚持做一件事情一万个小时，就能成为这个领域的专家。"我低头掰手指，算一算我画画坚持了多少个小时了。

"没错。人们眼中的天才之所以卓越非凡，并非天资超人一等，而是付出了持续不断的努力。一万小时的锤炼是任何人从平凡变成超凡的必要条件。所以，既然你喜欢画画，就坚持下去，我等着你画出大师之作的一天。也许，你的人生会因为画画而不同。

上学做练习是学习，音乐剧夏令营是学习，画画是学习，我看这本杂志也是学习。这是信息爆炸的时代，人类社会文明发展至今的成果可以让每个人方便地获取。我们在网上可以找到数不尽的电子书、成百上千的专业网络视频课程，可以免费看几千部电影，听几万首歌。这些都是无数前人的智慧结晶和心血。因此，学习不再局限于学生时期的校园里，而应是一辈子且随处进行的事。"妈妈说。

妈妈说的有道理我想了好一会儿，又问："你就不担心我考不上大学吗？"

"你的成绩挺好的呀。况且世界上大学这么多，考不上这间考那间。今年考不上，明年再考，又不急着等你出来赚钱养家。"

"为什么人家妈妈都那么急呢？"我问。

"有些妈妈担心孩子考不上名牌大学。因为她们认为没有名牌大学，就没有好工作，没有好工作，就没有好的生活。她们以为好工作是好生活的唯一途径，而名牌大学则是好工作的唯一途径。所以才会特别焦虑。"

"不是这样的吗？"我想想同学们抱怨她们妈妈时的口吻，"大家都这么说啊：考不上大学就去扫地、去当搬运工。现在大学生遍地都是，不是名牌大学，哪里找得到工作！"

妈妈摇摇头："不？这里有一个前提。"

"什么前提？"

"前提是你没有钱。当你没钱的时候，只能靠工作养活自己。再如何脏乱差的工作你都得做，否则你就活不下去。可是，当你不用工作，就有收入，可以生活很好的时候，你就不会再去做自己不喜欢的工作了。"

"不用工作就有收入……"我想了想，恍然大悟："我知道了，说的是'被动收入'。"

我想起来了，从很小时候开始，妈妈就常常跟我讲主动收入和被动收入的区别。主动收入，一般就是指我们平常的工作收入，需要我们投入大量的时间和精力，才能获得相应的薪水和报酬。而被动收入，则刚好相反，不需要投入太多时间精力，就能获得。

为了生活得更好，我们要不断增加被动收入，等被动收入大过平常的支出，我们就达到了财务自由。这样我们才有时间和精力去做我们真正想做的事，如妈妈刚刚所说——和喜欢的人一起做快乐的事。

想到这里，我又抬头看向阿杰的妈妈。阿杰的课快结束了。他妈妈频频抬头看向课室门，她的双眉总是皱着，好像总是笼罩着淡淡的焦虑。她明白人活着的真正意义吗？她知道要不断积累被动收入，才能有更多选择的自由吗？

父母偷偷学

全家人一起想象二十年后世界的画面，和孩子一起在网上搜索相关资料，讨论未来哪些工作会被人工智能替代。人们将从事哪些类工作，这些工作最需要的特性是什么？

梳理孩子目前上的兴趣班，哪一些是孩子真正喜爱的，哪一些是家长觉得人家都在学所以也让孩子学的，哪一些是因为升学压力一定要学的。思考这些兴趣班是否有助于培养未来工作所需要的特性。

跟孩子讨论，什么样的人生才有意义。是不是钱越多，人生价值才越大？告诉孩子，成功并不等同于薪水高低或钱财的多寡，成功有着更加多元化的定义。

我在幽静的树林中走着，欢雀的鸟儿时不时鸣叫几声，温暖的阳光透过树叶洒下斑驳的光影。有只胖胖的松鼠突然蹿了出来，蓬松的大尾巴在我眼前抖了抖，又一闪而去。我正要上前追赶，却听到虚空中传来一声声呼喊："起来。快起来。快…起…来…"整个"世界"剧烈摇晃起来。呀！地震了！哗啦！"世界"如玻璃片一样破裂，散成碎片。

我睁开眼睛，一张胖嘟嘟的小脸就在近前，嘴里嚷着"快…起…来…"，一双小·藕节似的粗手臂拉扯着我的衣服，使劲摇晃。这是我弟弟，今年三岁。因为出生时有9斤，全身都是肉，我们都叫他"小·胖"。他任性霸道，又机灵聪慧，是我们全家人的宝贝。

我还困着，有气无力地甩甩手说："自己玩去，让我再睡一会儿，今天不用上学。"

"不行！妈妈说要出门啦！"小·胖大着嗓门吼道。

"出门？哦！对哦！今天要去姨婆家吃饭。"我哀嚎一声，转个身想再趴一会儿。

我不怎么喜欢跟姨婆一家吃饭。尽管姨婆从来都是笑嘻嘻的，说话也总是温声细语，让人很想亲近。可是她家还有两位表叔。很奇怪，一个家庭里能长出两个性格完全不同的人。

"快点！"小胖再次大吼。

我呆呆地看着他。忽而又觉得，一个家庭长出性格完全不同的两个人，也属平常。我跟小胖就是如此。

1. 月薪十几万的大表叔

　　姨婆和我奶奶是亲姐妹，有两个孩子——性格迥异的两位表叔。姨婆常说，我像小时候的大表叔，安安静静，喜欢看书。现在的大表叔可是牙医，奶奶说一个月能赚十几万呢[①]。据说，他从小成绩就好，每次考试都是前几名，后来顺利考到香港大学医学院，毕业后成了医生，是大

[①] 关于香港平均月收入：根据 2018 年 3 月 16 日香港部门统计署公布的调查结果，2017 年五六月香港雇员的月工资中位数为 $16 800。根据香港医管局官网数据，香港公立医院的一般驻院医生，每月底薪约 5 万～ 9 万；副顾问医生与高级医生约 9 万～ 10 万；顾问医生约 11 万～ 18 万。此数据仅为基本工资，不包含各类津贴福利。

家的偶像。

他家住九龙那边，房子非常漂亮，也很宽敞。两个表妹每人都有一间粉红色的房间，里面堆满了玩具，还有迪士尼的公主床和白色梳妆台。她们读国际学校、上芭蕾舞班、学竖琴和大提琴。几乎每个假期都去旅行，真令人羡慕。

可是，爸妈却对此不以为然。爸爸说："生活虽然精彩，每个月都花光光。老了要怎么办？"我妈点头赞同："由俭入奢易，由奢入俭难。家里主要靠大表叔的收入，万一他不工作了，以后一家人不知道要怎么过呢。"

每月十几万薪水，还都花光光？不知道你信不信，我是不信的。我零花钱一个月才几十块，已经过得很"滋润"了。十几万？那要多少个零啊？

我缠着妈妈问为什么，妈妈就列了下面这个清单给我。

"大表叔每个月收入11万，大表婶月收入低一些——2.5万。可每个月固定支出差不多要13万。能剩下多少钱？这样消费下去，一辈子也买不到房子，存不到钱。"妈妈说。

我愣愣地拿起计算机，算了好几遍。没算错！的确要花那么多。

"连医生这么高薪水的工作，都存不到钱。普通人家怎么办呢？"想起奶奶常跟我说的去超市搬货。一个星期工作六天，一天站足10个小时，薪水还只有8900元。

"很多人以为，现在遇到的财务问题，只要找一份更好的工作，拿到更高一些的薪水，就能迎刃而解了。这种想法不对。"妈妈很严肃地说。"比收入更重要的，是现金流。"

"现金流？什么是现金流？"我问。

"你可以把它想象成一条水流。"妈妈一边说，一边拿起笔在纸上画着。"你的银行账户就好比是一个水池，收入就是往水池里注水，支出就是给水池放水。每个家庭都是一边加水一边放水。加的水多过流掉的水，现金流就是正的；反之，现金流就是负的。"

- 住房：九龙高档社区，租金 4 万。
- 养车：1 万。其中油费 3 000，两边车位租金 6 000，加上每年要检修、买保险、付牌照费，一个月至少 1 万。
- 两个表妹国际学校学费及杂费：2 万。
- 两个表妹兴趣班学费：8 000 元。乐器、舞蹈、英文、运动几样加起来再乘以二。
- 菲佣及水电煤气等：6 000 元。
- 给双方父母家用：8 000 元。
- 全家吃饭：1.2 万。大家乐、大快活这类快餐都是 50 元起。稍微好一点的都要人均 200 元。他们常常与朋友聚餐、喝咖啡、happy hour。一个月 2 万都挡不住。
- 全家置装费：5 000 元。医生家庭总不能寒酸，加上姊姊还要买化妆品、换季衣服和包包。
- 旅行：8 000 元。一家四口旅行，还这么频繁。一年至少十几万。
- 兴趣消费：3 000 元。大表叔爱摄影，还喜欢品红酒，这些爱好都需要金钱支持，一年再花个几万，也很常见。
- 其他未预计消费：1 万，如人情往来、税费、医疗保险费等。
  以上总计：130 000 元

妈妈估算的大表叔家月度开支情况

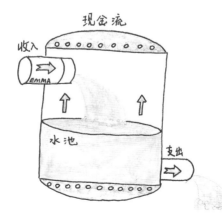

现金流的概念

"我明白了。收入高，不代表剩下的就多，还要看支出有多少。大表叔家就是支出太多了。"我点点头。

"没错。你一定要记住这一点——剩下多少比收入多少更重要，这是现金流第一法则。"妈妈语重心长地说，"你刚刚问：医生的生活都这样，普通人家怎么办？人家不过日子了吗？你看，咱们周围很多普通家庭，他们也很快乐，他们可没有那么多钱可花。可见，好的生活不一定要花这么多钱。

但是，大多数人，随着收入的增加，欲望越来越高，花的钱也就越来越多，不得不再继续工作去赚更多的钱。他们一辈子把工作看成是赚钱最主要的渠道，把消费当做工作赚钱后的犒赏，因此，人生陷入了一个轮回：工作、赚钱、消费的循环。必须时刻为钱工作，再也没有时间和精力去做我们真正想做的事。"

做真正想做的事呀！二表叔就天天这样过吧。

2. 天天玩的二表叔

如果大表叔从小就是其他妈妈嘴里的"别人家的孩子"，那么二表叔则刚好是反面教材。

两个表叔我都不喜欢。大表叔每次看到我，老说我牙没好好刷，又总教训我要努力上进，别老想着玩。

二表叔呢，还没结婚，更没小孩。从小，他见我一次，就要捉弄我一次。

奶奶说，他小时候就很淘气，你指东，他就去西，在学校打架逃课，常常把姨婆气得直抹眼泪。

二表叔读书不好，没有考上大学。打了一阵子散工后，做起了房产中介。后来，居然买了好多套房子。现在连中介也不干了，天天不知道在忙什么。我想，他肯定天天在做他真正想做的事情。

有一次，我听到奶奶问姨婆："老二现在在做什么啊？"姨婆摇头说："我哪里晓得他？一会儿在网上卖东西。一会儿又买块农地，搞什么生态农庄，让人来种田。反正他有那么多套楼收租，生活没问题。只是年纪这么大了，老是不结婚，是个什么事儿啊！"两个老太太开始嘀嘀咕咕讨论起二表叔的婚姻大事来。

爸妈说，二表叔才是真正的隐形富豪。他那么多套房子，市场价算下来已超过一个亿了。每个月租金加起来跟大表叔的收入差不多，但他自己只住一间小套间，离姨婆家不远，租金很便宜，又没有孩子，平日里也很少有特别贵的消费。所以，他的现金流非常好。不像大表叔，一停下工作，家里收入来源就断了。二表叔的收入都是不用花很多时间和精力就能赚到的被动收入。大表叔连自己的房子都没有，二表叔已经有很多套了。

因此，二表叔才是我的偶像。

当奶奶再一次跟我唠叨"考不上大学就去超市搬货"的时候，我心里的话就冲口而出了："二表叔也没有上大学啊，他现在那么有钱，比大表叔还要厉害呢！"

妈妈在一旁听到了，把我逮了过去，厉声训道："怎么跟你奶奶说话呢？！二表叔的成功可不是随便什么人就能做到的。他读书不好，只是学校里的考试成绩不好。但他从来没有停止过学习。他做房产中介，要对买卖房子的法律法规了如指掌。你大字不识，怎么去读那些晦涩的法律条文？他投资各种生意，必须学会分析处理财务数字，你加减乘除都不会，怎么知道一个生意赚不赚钱？他找准了市场时机，大胆地买入房子、人家的公司，你如果连新闻报告都理解不了，怎么发现得了商机？"

我耷拉着脑袋，低头听训。是的。我又心直口快了。我也知道学习重要，就是大人老是啰唆，好烦呀！

妈妈继续说道："你二表叔这么成功？他是占了天时地利和人和。"

"什么叫'天时地利和人和'？"我抬头问道。

"天时，就是好的时机。地利，就是处于适当的好位置。人和，就是大家都支持他。"妈妈解释："你二表叔出来工作是十几年前，刚好香港的房地产处于低位，房子很便宜，没有限制购买的政策。一套 40 平米的房子当年只要 100 万，如今却要 600 万。银行贷款也比较容易，当年只需要付 5%，也就是不到 5 万元就能付一套房子的首期。这就是天时——当时是买房子的好时期。

现在呢？因为政府不支持炒房，很难从银行贷到款，这 40 平米的房子要 600 万，首期要给 30%，就要 180 万。5 万元很容易筹到，180 万就非常难。所以，现在就没有买房子的天时。"

"那地利呢？"我问。

"当时二表叔在房地产中介公司。房子好不好卖、需求多不多、哪里的房子又好又便宜、哪个房东急着用钱会低价卖出……他掌握着第一手的信息。他是中介，对如何压价、如何推高价格卖出，比一般人更有技巧。这就是他的地利。"

"人和呢？"

"当年有一个旺区的房子，房东急着套现走人，但旺区的房价都很贵，他钱不够，就找了两个朋友合伙，一起买下了。楼市刚好热起来，等到第三个月要开始付第一个月贷款，他已经转手按新的市场价卖出了。短短两三个月，在朋友的支持下，左手交右手，就赚了一大笔。这就是人和。"妈妈顿了顿，继续说："还有，家里人不需要他负担生活费，他可以勇往直前去冒险，投入房产买卖这种风险很高的生意。这也是人和。如果那时候，他有了家庭，上有老下有小都等着钱花，他有所顾忌，就不会投入这么多，也不会赚这么多。"

天时、地利、人和。我在心中默默念了两遍。这真是个神奇的东西。

妈妈继续念叨："这种成功模式很难复制，比如你吧。等你中学毕业了，不上大学，若是你学二表叔也去做房产中介。

首先现在房价这么高，你得先筹到首期。还以 600 万 40 平米房子做例子——也许你毕业时候会更贵，你要付 180 万首期。你怎么筹这笔钱？

就算筹到了 180 万，当年你二表叔，能用这 180 万首期，做 36 间小房子的首期，而你只能买一个。他转手能赚 36 个房子的差价，你只能赚一个。

最关键的是，你这么高的价钱买入，不知道接下来房价会不会跌。你花了 180 万首期，和银行借了 420 万，买了 600 万的房子。结果房价一跌，只值 400 万了。你就资不抵债，变成负资产了。当年金融危机的时候，香港房价暴跌，多少人变成了负资产？"

资不抵债？负资产？什么跟什么？我完全听不懂了。头好晕。

看我一脸茫然的表情，妈妈笑了。她摸了摸我的头，笑着说："这些你现在还不懂，没关系。只要记住，二表叔的成功是天时地利人和的结果，不能被大量复制。而你大表叔的成功路径，却是可以预见和比较稳妥的。大多数大学毕业的人，都能找到一份比较轻松且收入较高的工作。大表叔只要控制好支出，再学习一点理财的知识，未来的生活也能过得很好。"

我有些明白，又不太明白，只能糊里糊涂点了点头。

父母偷偷学

和孩子讨论身边的故事，看能不能找到收入高、消费也高、从而没什么积累的医生表叔式家庭，能不能找到尽管刚开始收入低，但通过节约开支，降低期望尽早开始投资而发家致富的中介表叔式家庭？

和孩子讨论工作、赚钱、消费、再工作的循环模式，讨论工作与人生的意义，以及思考如何打破这个循环。

CHAPTER 文轩和阿杰打架了

中午小息，很多人涌到学校操场一角，不知道发生了什么事。我挤进人群，看到两个人正扭打在一起。老师急匆匆赶来，把他们扯开。定睛一看，其中一人居然是阿杰。另一个是隔壁班出了名的捣蛋鬼文轩。文轩常常惹是生非，这次肯定又是他挑起的争端。

阿杰给人以往的感觉，和他在班里的成绩一样，也是中规中矩，从不出头，也不垫底。在人群中很难引起别人的注意。想想近几个月，他越来越沉默，有时又很烦躁，容易发些小脾气。但像今天这样跟人打架，还是头一次。

1. 文轩的妈妈

隔了许久，阿杰回到教室。头上红了一大片，衣服皱巴巴的，耷拉着脑袋，很狼狈。看他进门，同学们窃窃私语起来。

"为什么打架呀？"身边有人低问。我也很好奇，竖起耳朵想听个真切。

"听说，阿杰的爸爸本来在文轩的爸爸公司里工作。不知道为什么，阿杰爸爸被炒了鱿鱼。""包打听"琪琪总能探听到好多内幕。

阿媛也加入了八卦团："我当时就在旁边。文轩说了很难听的话。"

"说什么啦？"大家纷纷问。

阿媛皱皱眉说："好像是笑阿杰跟阿杰他爸一样没用。"

"文轩爸爸很厉害吗？"有人问。

"是一间很大公司的老板。他家可有钱了。"琪琪继续爆料。

"对呀。他爸上次来学校开了辆兰博基尼。黄色的。好酷。"有男生一脸羡慕道。

教室一角，阿杰一个人坐在座位上，似乎什么也没听到，分外落寞。我犹豫要不要过去安慰他一下，毕竟我们还有一起上补习班的情谊。

正在迟疑间，窗外传来一声尖利的女子叱骂声："谁敢打我家轩轩！快出来给我们轩轩道歉！"说话间，一道鹅黄色的身影已到了教室门前，这应该是文轩的妈妈吧。后面训导主任跟了上来，低声劝着她。

转头再看阿杰，他的头垂得更低了。周围的同学也都不再说话，教室里非常安静。

窗外尖利的声音继续嚷道："什么？轩轩有错在先？是谁先动手的？我儿子脸上那伤，差一点就到眼睛啦！要是眼睛有事，怎么办？在家都舍不得碰他一下"声音又尖又急又快，像子弹一样哒哒哒。

训导主任又低声说了些什么。文轩妈妈突然又厉声道："他也有伤？

谁让他先动手的？君子动口不动手。孩子在学校受伤了，你们学校也有责任！如果你们不对那个打人的孩子秉公处理，就等着收律师信吧！"

校长也匆匆赶到，大家一起把文轩妈妈劝走了。教室里这才又恢复了平静。阿杰趴在课桌上，低低哭泣起来。

"明明是文轩不对。"阿媛愤愤不平，"他的话可伤人了。"

"这有什么！我听他们班的人说，文轩他爸跟他说过，若是有人欺负他，就打回去，闯多大的祸都不用怕，他爸会帮他搞定的。"有个男生说道。

也许是听到了我们这边的说话声，阿杰的哭声陡然大了起来。

之后，班主任走进来，把正趴着哭的阿杰叫走了。接下来两天，阿杰没来上课。

2. 钱的魔力

周末在补习社撞见他。他脸上的伤已经好了，心情却不怎么样。问他为何没来上课。他说，因为受了伤，老师让他休息两天在家反省。不知道文轩有没有受惩罚，得靠琪琪打听一下。

这次，他妈没跟他一起来。原来，几个月前，他爸没了工作，找了几个月，还没有找到下一家。他妈只好重出"江湖"，这周就已经开始工作了。

"现在家里愁云惨淡的，很压抑。爸爸投了很多简历出去，大多都没了回音。薪水低的，我爸又不愿意。后来，我妈也开始找工作，没想到反而先找到了。就是妈妈的新工作的薪水也不高，比原来爸爸的差多了。"阿杰深深地叹了口气。也许是一直没有找到倾诉对象，对我滔滔不绝地讲起来："我妈在家老是翻着账单念叨，说家里没多少存款了，要还房贷、车贷，吃穿住行什么的，样样都要钱。"

他沉默了一阵，继续说："昨晚吃饭，爸妈一句话也不说，连看都不看对方一眼。他们肯定吵架了。他们一吵架就这样。"他的声音越说越低，"以前他们很少吵架，感情可好了。最近却总是吵。"

我义愤填膺道："文轩一家这样欺负人，总有一天，他们会得到惩罚的。"没想到我一语成箴，几个月后，文轩的爸爸居然被抓走了。听到这个消息时，我脑子里闪过美少女战士的那句话："代表月亮消灭你们！"这些都是后话了。

阿杰摇摇头道："钱虽然不是万能的，但没有了它，我连补习班都上不了。"阿杰说不下去了，停在那儿。

我有些手足无措，不知道怎么安慰他。隔了许久，只听他继续说："这是我最后一次来上补习课了。原来我多讨厌补习呀，好烦，好辛苦，只想有一天再也不用上补习课了。现在……"我们陷入了久久的沉默。

3. 中年失业

回家后，我把阿杰的事情告诉了爸妈。妈妈叹口气道："到了他爸这个年纪，要找到好工作不容易。"

"为什么呢？"我问。

妈妈说："从企业来讲，中年人资历深、薪金高。相较而言，那些有了几年工作经验、已是熟手，但依然年轻有活力、有冲劲的青年人，他们成本更低、工作效率更高。在历史上几次经济不景气时，这些活力和动力不足，但工资成本高昂的中年员工都是首批被裁撤的对象。

近些年，科技改变了太多行业，传统企业逐渐没落，新科技或新商业模式带来的工作机会更多，但这些恰巧是中年人的弱项，他们引以为豪的技术和经验逐渐过时。

三十多岁较年轻的主管们，不愿意选择比他们年长的下属，担心他们会因为经验丰富威胁到自己的职位；担心他们已形成的固有的工作习惯，难以适应新环境和新形势；也会担心他们因为资格老，不愿意弯腰配合团队的其他成员。"

爸爸也点头说："是呀。换我也不愿意用比我年纪大的下属。他年纪比我大，怎么叫他做事呢？做的不好，想要批评他，还得再三考虑措辞。"

爸妈讨论得热乎，我却听不大懂："为什么年纪大的人会有这么多劣势？"

"当人在一个行业做久了以后，会产生'路径依赖'[①]，觉得既然这样做成功了，就应该继续这么做，很难接受其他方式。要改变，不如想象得那么简单。"妈妈说。

"多少岁以上算是年长？"我问。

"很多招聘广告里，明确要求必须35岁以下。年纪越大求职越难。尤其是中高层岗位，很多人突然从高位摔下来，无法适应新角色，一直沉浸在往日的荣光中，不去学习新技术转换跑道，就很难再回到职场。而且失业的时间越久，越难找到工作。总之，四十岁以上的人，一旦被裁员，要找到类似的工作，比四十岁以前要难很多。"爸爸说。

阿杰爸爸失业了

①「路径依赖」，由美国经济学家 Paul A. David 提出。他说，当一个人选择进入某一路径，就会产生依赖，无法脱离。而这条路径的既定方向，也会回过头来对此人产生强化效果，决定其生涯的发展。

4. 中产消费陷阱

"每个人到了这个年纪都会遇到中年失业的问题吗？"我歪着脑袋问。

"以前经济简单，大家都没什么钱，也没有很多东西可买，生活成本不高。没了工作，大家种种菜、打个零工、开个小卖部也能过日子。现在不一样了，经济繁荣，科技进步，日常消费的选择非常多。即使是同类型的日用品，选择不同，价格可能相差数十倍。"妈妈指了指风扇，"比如这风扇，最便宜的六七十块也有。像现在城中热卖的 Dyson 风扇，要五千多。这就是 80 倍的差距。还有手机，你看，外婆用的国产手机只要一千块，一个苹果手机要 8 千到 1 万。价格相差这么大，功能上呢，有没有这么大的差异？其实，大多数人用来用去就几个功能：打电话、微信、上网、看视频、玩小游戏。不是专业玩家，很少能分辨出来其中的差别。"

"学校也是啊。"爸爸插嘴道，"公立学校零学费，国际学校每个月一万多。都是富豪去读的吗？不见得。每次到了报名季，家长们都要挤破头。哪有那么多富豪？多数都是中产。"

"什么是中产啊？"我问。

"简单来说，就是收入比一般人高，却又不像真正富豪那样花钱可以随心所欲的一群人。①"爸爸说，"根据香港统计处《2016 中期人口

---

① 根据 2017 年 7 月吴晓波频道发布的《2017 新中产报告》，对于新中产阶层的界定，不单是收入和资产的区分，更大程度上是价值观和生活方式的认同。其中，新中产必须满足的财务条件是年净收入 10 ～ 50 万或可投资资产 20 ～ 500 万。
香港中产关注组 2016 年的中产报告中认为，以申请居屋（类似"经济适用房"）的月薪上限作为中产人士的下限较为合适。一旦收入超过这个标准，就无法得到政府的住房资助。而住私人楼宇应该是中产阶级的必要条件。至于中产的上限，个人年收入达到 100 万，家庭年收入达到 200 万，已属于富裕阶层。因此，该报告认为，中产的标准是个人年收入 29.4 万至 99.9 万，家庭年收入是 58.8 万至 199.8 万。

统计》，香港月收入 3 万以上的人口只有 22.1%，月收入 6 万以上只有 6.8%。很多人觉得月收入 3 万以上就很不错了，衣食住行都要讲究。住要住好的地段，要有会所，还要是新楼。五六十元的快餐已经不在眼里，最低也要去人均 150 以上的餐厅。每天一杯星巴克咖啡才是中产必备。"爸爸越说越带劲，语气里都带了嘲讽的味道，"工资涨到 5 万，要买辆宝马 5 系奖励一下。反正车价不过是一年的工资，负担得起。衣服如果再买玛莎、G2000，会被同事笑话。身边的人也不断告诉你：工资这么高，怎么也要对自己好一点。人活一辈子，不就是为了享受嘛！周围同事一年去几次日本、新马泰，还要自驾游，住五星级酒店。你跟他们收入差不多，能落后吗？"

妈妈点头附和："是呀。咱们刚刚说了，相差不多的功能，价格可能差距几十倍。单一样还好，如果每样你都要选贵的、选好的，哪里受得了。香港知名财经博主 Starman 把这种现象称之为'消费力错觉'。他认为，人们不懂得自我分类，没有综合考虑自己的财务情况，不能准确地评定自己是哪一阶层的消费者，从而作出了超越阶层的消费决定。是中产，就不要去过富裕阶层的生活。"

妈妈说："你刚刚问，是不是每个人都会遇到中年失业的问题？如果你有足够的财力准备，就算中年失业，也不至于太被动。但是，现在的高收入中产，往往平日已经习惯了高支出，过着富裕阶层才能过的生活。又不像富裕阶层那样收入来源很多。中产主要依靠的依旧是工资收入。一旦没了工作，以往的优越生活就是空中楼阁，立刻坍塌。如你大表叔家，十几万收入，每月都会花光。万一大表叔失业或者生病，家庭就会立刻陷入困境。"

我好像有些懂了："富裕阶层就不怕失业吗？"

"富裕阶层有更多更丰富的收入来源。还记得被动收入吗？他们有很多不需要投入很多时间和精力就能获得的收入。即便不工作，这些被动收入依旧能够维持他们现有的生活。因此就不用担心失业。"

很多人用消费来奖励辛苦工作，但因为消费又不得不继续辛苦工作

我问："中产的路我知道：好好读书，找份好的工作，努力工作，等着老板肯定我，给我加工资。但是，怎样才能从中产去到富裕阶层呢？"

爸爸说："当我们年轻时，有能力赚钱的时候，少花些钱，把钱先存下一部分去投资，购买能够帮你赚钱的资产，尽早搭建源源不断产生被动收入的体系。越早越好。这也是我们从小就教你理财的原因。"

"怎样建立被动收入的体系呢？"

"我们以后会慢慢教你。现在这个阶段，你只要记得：增加被动收入，让收入来源更多更丰富，不再依赖工资收入。这样当中年后，就不会再担心失业。而要想增加被动收入，早期控制消费和支出就非常重要，不要过不是自己阶层应该过的生活。"妈妈很慎重地说。

"阿杰他们家会怎样？"我问。

妈妈摇摇头："阿杰家的具体情况我不了解。从你的只言片语中，我觉得很不乐观。他们现在入不敷出，要供房贷车贷，孩子要读书，再省也省不下很多。存款"坐吃山空"，等到没了存款，他爸爸依旧找不到工作，他们很可能会因为还不上贷款而被银行收回车或者房子。这样就糟透了。"

"当下的享受和明天的自由，你选择了哪条路，就要承受这条路带来的负面后果。"爸爸的话听起来冰冷无情。

"阿杰的爸妈如果早知道今天这样……"我也叹气道。

"人生不能重来，也没有早知道。"爸爸打断我的话，严肃地说。

"好在我现在就知道了。"我庆幸万分。我决定，现在就开始努力存钱，让我的被动收入越来越多。

父母偷偷学

与家庭成员探讨，万一其中一人失业，家庭应该如何应对？反思家庭的收入来源是否过于单一？如何解决这个问题？

思考自己处于哪一个阶层，消费习惯是否跨越了阶层？

CHAPTER 04

环保达人外婆与快乐真人奶奶

这几天,外公外婆来香港家里小住。他们平时住在内地,每年会过来住两三次,一次住上一个月。

爷爷身体不好,很少出来走动。奶奶就活跃得很。她基本上一星期有一半时间跟我们住一起。

外婆和奶奶的性格实在相差太大了。每次一相遇,就像象棋里的王对王。头一个星期,还能相敬如宾,见面就"亲家长"、"亲家短"的;第二个星期,开始互相看不顺眼了;第三个星期,彼此忍着;到了第四个星期,就似火星撞地球,火星四溅了。奇怪,隔了几个月,下次再见,又能重新相敬如宾,再来一次循环。

妈妈说,她们两个性格都挺好,只是生活习惯不同,住一起就有摩擦;不住一起的时候,自然又恢复了感情。所谓"距离产生美"是也。

1. 外婆来自火星，奶奶来自水星

外婆比较节省，她只要看到我们浪费东西了，就会批评我们。

奶奶因为年轻时候在超市工作，退休后最大的爱好就是逛超市。一天逛个三四遍。看到打折，就往家里搬。冰箱里的食物总是塞到塞不下，洗手池下的柜子也都摆满了洗漱或清洁用品，有些直到过期都没能用上。

奶奶呢？奶奶很喜欢买东西，尤其是吃的。只要你说喜欢，她就会天天买，天天买。因此，我已经戒了很多食物：拿破仑蛋糕、葡式蛋挞、橙子、无花果、火龙果……

我做功课，外婆让我去花园里写，说花园里自然光线好，又省电。奶奶说太阳光有强辐射，对眼睛伤害很大，花园的藤椅不适合伏案写字，拽我去书桌，开了大灯，再开台灯。外婆说窗外的自然光已经让房间很亮，把大灯关了。奶奶说，眼睛不好，还是开了灯好。这一开一关，总要来回几次。搞得大家都气呼呼的。

外婆舍不得电话费，每次必用免费的微信视频，即便对方信号不好，视频延迟又听不清楚，她依然坚持不懈。奶奶则最喜欢聊电话，一煲电话粥就要一个小时。

妈妈常劝外公外婆趁身体还健康多出去旅行。外婆总是一口回绝，说出去玩没意思，其实就是怕花钱。每次妈妈先斩后奏，给他们报了旅行团，等她旅行回来都特别高兴。

奶奶最喜欢出去玩，第一个旅行还没有完，已经开始准备第二个了。她有一帮玩友，隔三差五一起出去吃吃喝喝。

因此，外公外婆每次来香港只住一个月。再住下去，我预感就会有暴风雨了。

环保达人与快乐真人

2. 两位老太太的理念

　　能维护家庭的和谐稳定，真不是一件容易的事。为此，爸妈没少操心。我妈负责游说和安抚外婆，我爸负责说服奶奶。

　　外婆对妈妈说："一块钱，要掰两半儿花。"

　　奶奶对爸爸说："我年轻的时候，赚八千，总能留下几百块。"有一次，外婆听到了。等奶奶一走，她就一脸鄙夷说："赚八千，才留下几百？还好意思说！我赚一千，都能留下几百。"

　　外婆对妈妈说："一定要存钱。赚钱你不一定赚得到。存钱你一定能存下来。"

　　奶奶对爸爸说："存钱能存下多少？关键要能赚钱。"

　　外婆对妈妈说："省着点花。有钱的时候要想着没钱的时候。"

奶奶对爸爸说："赚钱，就是用来花的。不然要钱干嘛？"

外婆对妈妈说："我现在存的钱，以后都留给你们。"

奶奶对爸爸说："你们都有钱，我就不留钱给你们啦。"

外婆对妈妈说："我又存了十万，转给你，你帮我理财。"外婆一个月只有 1 千养老金，我妈不给家用。因为给了家用，她也会原封不动还回来，另外加上她自己存下的钱，交给妈妈去理财。她靠什么生活？她住自己的房子，出门靠步行和电动车，吃饭靠自己种的菜。妈妈常劝她对自己好一些，她表面上答应，生活依旧我行我素。

奶奶每月有 3000 元养老金，爸爸又每月固定给她几千。可时不时还要找爸爸再贴补一下。

……

你问我怎么会知道这些？因为老太太们当小孩子是"隐形"人，跟爸妈说话时，从来不避讳我。

3. 生活的中庸之道

我悄悄地给她们两位老太太取了花名，一位是"环保达人"，因为你无法想象她能想出多少循环利用的好主意。一位是"快乐真人"，因为她坚持活在当下，天天无忧无虑很欢乐。

你问我支持哪一个？

环保达人的日子，我肯定是不愿意过的。奶奶说的有道理，赚钱为了干嘛？不就是为了更好的生活吗？什么都不舍得买、不舍得用，人生哪里有乐趣。

可是外婆说的也对。有钱的时候要想着没钱的时候。

而且，自从阿杰家出了那档子事儿以后，我已经下定决心，要努力存钱，让我的被动收入越来越多，有一天能靠被动收入来养活自己，才能有选择去做自己喜欢的事情。

我要在她们之间找一个平衡点。

爸爸最近在减肥。他以前太胖了，买衣服老是买不到合适的码。于是三个月前，他下决心减肥。他并没有像传统减肥那样，拼命节食，坚持运动。他还是和平常一样，我也没觉得他和平时有多大不同。但是，三个月下来，他居然减了30斤。

他的秘诀是调整饮食结构——从吃高热量高糖分的食物，改吃低热量低糖分的食物。比如，他爱吃面条，以往经常吃油乎乎的炒面，现在改汤面或者汤米粉。他最爱喝柠檬茶，但点餐时会嘱咐多一句"少糖"。

他告诉我，如果这不吃那不吃，肯定会坚持不下去。因为这样做"违反人性"。就算减肥非常有成效，也会很快反弹。而他只是从一个极端向另一个极端靠近了一些。他说这是他的"中庸之道"。

妈妈说，理财也要坚持中庸之道。因为理财培养的是一辈子的习惯，是人生长跑，不是短跑冲刺。如果什么都不能买，生活就会缺少品质，人生就没了乐趣。和减肥反弹一样，很多人节衣缩食一段时间后，就放弃了。反而因为之前太过缺乏，一下子又买更多。赚钱是为了让生活更美好，而不是让你成为金钱的奴隶。所以，我们要在不过分影响生活质量的前提下，减少支出，为今后的生活做储备。

4. 草帽曲线

这天，妈妈正在准备讲课的课件，我看到PPT的标题写着四个大字"草帽曲线"。我便问："什么是草帽曲线"？

"你看，咱们每个人，从妈妈肚子里生出来，就开始马不停蹄往前跑，像一只离弦的箭，一去不回头。"她一边说，一边在纸上画了一条长长的射线，"就好像这条射线，最后奔向死亡。"

我忍不住皱皱眉，我不喜欢听人说"死亡"，那应该是离我很远很远的事。

妈妈在射线左边的 1/3 处画了一个点，下面写上"25 岁"，说："你现在还是个孩子，每天读书学本领，一直到大约 25 岁。这是人生的'成长期'。这段时间你只会花钱，没能力赚钱，由父母供养你衣食住行。以后，你也将这么照顾你自己的孩子。"

我点点头。这是跨代轮回。

"等到你 25 岁毕业了，出来工作。就要赚钱养活自己，还会组建家庭、买房买车、生儿育女、赡养老人、还要为你以后退休做准备。爸妈现在就处于这个阶段，这是人生的'黄金期'。这段时间有的人赚钱多，有的人赚钱少。同样，有的人花钱多，有的人花钱少。黄金期一直会持续到 60 岁左右，也不一定是这个岁数，就是到你退休的年龄。"说完，妈妈又在右边的 1/3 处画了一个点，在下面写上"60 岁"。她说："之后就是'退休期'，年纪大了，不再工作了。"

我又点点头。这是显而易见的常识。

妈妈见我点头，继续说："如果我们把一辈子需要花的钱，画一条'支出线'，把我们在黄金期赚取的收入，画一条'收入线'。两条线与代表我们人生的射线，正好组成了一个草帽的图案，这就是'草帽曲线'。"她笔下未停，画了两条弧线，"这草帽的凸出部位，我们叫'财富蓄水池'。我们用这个蓄水池中的水，支付我们的日常生活费用，比如准备应急备用金、买房买车、结婚生孩子、养育子女、赡养老人，还为我们退休做准备。蓄水池中的水越多，压力越轻。还记得比收入更重要的是什么？"

"现金流！"我回答得很干脆。自从我知道了这个专业词汇，常跟我的同学们讲，他们听了可佩服我了。

"没错。蓄水池中的水从哪里来？就是每个月的现金流。如果现金流为正，就往蓄水池中加水。如果现金流为负，就是给蓄水池放水。"妈妈顿了顿，问道："从这个草帽曲线上，你能看到什么？"

"嗯嗯。我知道！正现金流多多益善！"这个道理我已经懂啦。

"还有呢？"妈妈继续问。

"Er……"我盯着妈妈画的草帽左看右看，摇摇头。

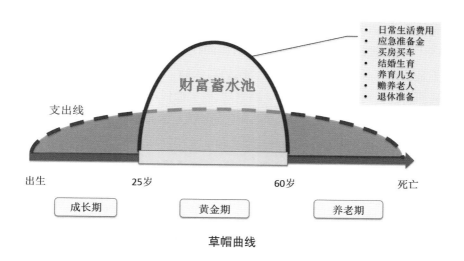

草帽曲线

"你看，咱们工作的时间只有 25 岁到 60 岁这短短的三十多年，但是我们花钱的时间却是漫长的一生。太婆婆如今已经 95 岁了，依然很健康。以后医疗更发达，我们的营养更好，平均寿命肯定更长。"妈妈试图启发我，"这说明了什么？"

"还是正现金流多多益善？"我红着脸小声说，实在想不到其他了。

妈妈无奈："说明我们赚钱的时间短，花钱的时间却很长，可能有八九十年。因此，我们需要更努力赚钱，更努力省钱才行。这样才能保证短时间中赚的钱足够一辈子来花，对吗？"

我点点头，咕哝道："不还是正现金流多多益善嘛！"

妈妈不理我的辩驳，继续说："咱们理财，就是想办法让蓄水池更宽更高。你的正现金流只是让蓄水池加高了，我们还要想办法让蓄水池加宽。"

"加宽？"我看着草帽曲线，挠挠头："是晚一点退休吗？"

妈妈摇摇头，"那也晚不了多少年。等你年纪大了，身体不如年轻时康健，想晚点退休，公司也不要你了。"

"要怎么样把蓄水池加宽呢？"我问。

"你看，当蓄水池宽到一定程度后，草帽变成了'鸭舌帽'。"妈妈重新画了一个图。

"我们把这个曲线，叫做'鸭舌帽曲线'。"妈妈说，"改变的方法，不是依靠延长退休，而是在黄金期初期开始，不断用财富蓄水池中的钱，去购买可以产生被动收入的资产，其次才用于消费。等到了退休期，就由被动收入来继续供养你和你的家人。这样蓄水池就又高又宽，保证晚年生活质量不会因为缺钱而大幅下滑。"

"被动收入呀？！我知道呀。你和爸爸说了很多次了。就是不知道怎样赚到。"我继续咕哝道。

"我们反复说，是因为确立正确的方向比实际的操作方法更重要。如果你的方向不明确不坚定，很容易被世俗的其他观点所影响，从而随了大流，走了岔路。因此，在教你实战方法之前，我必须确保你已经树立了正确的目标，坚定了理财的意识。"妈妈说。

"比如说，如果对于建立被动收入的目标不坚定，当同学们都在讨论去哪里玩、买什么新奇有趣的东西的时候，你就抵制不了诱惑。当你工作到一定阶段，在职场上被升职加薪诱惑着，被上司和同事推动着，时时加班而心神俱疲，被周围的环境推着走，就会忘记工作只是收入的一种手段，赚钱是为了生活更幸福快乐。你太疲惫而忽略了曾经要建立被动收入的系统的目标，日复一日只是疲惫工作。"妈妈说。

嗯嗯。我用力点点头，在脑子里来回想了几遍"要建立被动收入的系统"，期望就此深深刻在脑子里。

一边的外婆听到了我们的对话，走过来瞅了瞅桌上画着草帽曲线和鸭舌帽曲线的纸，对我努努嘴，说："去！跟你奶奶讲一遍。她的蓄水池是瘪的。"

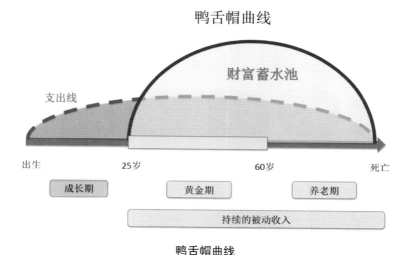

鸭舌帽曲线

鸭舌帽曲线

父母偷偷学

和孩子讨论身边的人，是否可以找到环保达人型和快乐真人型的典型？

再次与孩子探讨储蓄和搭建被动收入的重要性。

　　自从补习社那次长谈，我跟阿杰熟了很多。一日，见他一人在校园角落里，低着头，用脚尖来回碾着地上的土，又忽而厌恶地踢上一脚，双眉紧蹙，神色黯淡。我走过去和他说话，一开始他只是沉默不语，终究受不了我反复询问，呐呐地跟我说，他们要搬家了。他妈在附近租了小一些的房子，打算把现在的房子租出去，这样房贷的压力就没这么大了。可是他爸不愿意，觉得再坚持一阵子，就能找到工作了，不肯主动收拾搬家的东西。

　　"昨晚，爸妈又吵架了。我躲在房里，听到外面吵得可大声了，还摔了东西。后来我听到有人摔门出去了。等我偷偷出去看，发现我爸在书房不知道在做什么，我妈不见了。早上起床，也没有早餐，我想她可能一夜没回来。我爸倒是醒着，还是在书房，保持昨晚一样的姿势，好像一晚上没睡。我跟他说，没早餐。他就扔我几块钱，让我自己买面包，然后继续在电脑上写东西。"说完，阿杰深深地叹一口气。最近他叹气的频率越来越高了。

我也叹了口气。大人吵架，小孩子心里其实挺害怕的但又能做什么呢？

　　回家跟爸妈说起这事。妈妈很赞成搬家。她说，人就是要这样能屈能伸。可为什么阿杰爸爸不愿意呢？

　　爸爸说："因为自尊心受不了呗。以前一直是家庭的收入支柱，家里所有人都依靠他，拥有绝对强势的地位。突然之间，要靠老婆出去工作养家，还要败走麦城。觉得自己只差一点点运气，怎么也不肯接受现实。"

　　妈妈也说："也许他应该把找工作的范围放得更宽一些，可以去内地，像他这种在国际贸易公司做专业会计的，还是挺抢手的。话说，一个会计能犯什么错儿，会被炒鱿鱼？"

1. 消失的阿杰

　　又过了一阵。阿杰突然没来上学。一天没来，两天也没来。我忍不住去问老师。老师说，他妈妈正在给他办转学。

　　转学？这么突然？从来都没有听阿杰提过。而且现在是学期中，前不着村后不着店的，这时候转什么学啊？"为什么呀？"我问。

　　老师说："听说搬家了，搬得有点远，不方便来这里读书。"

哦！我有些沮丧。阿杰都没有跟大家道别。太突然了。

一切相安无事，又过了半年。学期快结束的时候，突然有一日，琪琪冲进教室，一路小跑一路喊："大消息！大消息！"像一滴水掉进了油锅里，教室里立刻嘈杂了起来。

"文轩的爸爸被抓了！"琪琪语出惊人。

"犯了什么事啊？""给警察抓了？""被廉政公署请去喝茶？"大家七嘴八舌问着。

"听说是商业罪案调查科。"琪琪说。

我想起最后一次长谈，阿杰说，他爸在大吵一架后在电脑边忙了一整晚。莫非就是这个时候开始准备了？

妈妈听了后唏嘘不已："他是做会计的。公司做国际贸易，如果有违规操作，肯定避不开他。"

"君子爱财取之有道。"妈妈说，"也是文轩爸爸做事不当，留了把柄。再多的财富，如果被发现是违法所得，都要赔了去。"

2. 文轩也不见了

悠长的暑假一晃而过。新学期开始了，我升入六年级了。这是我在这个学校的最后一年。晨操排队的时候，看着前面挤着一堆个子小小、活蹦乱跳、叽叽喳喳的一年级新生，颇有点千帆过尽、举目皆少年的感慨。

环目四顾，突然发现，隔壁班那个每每用捣蛋吸引大家目光的瘦高文轩不在队列。也许是旅行未归？开学头一天，总会有一两个同学还没从旅途中归来。想想他父亲的事，又觉得家里正乱着，不可能出去旅行。不会出什么事儿吧？

下午小息时，琪琪神秘兮兮地跟我们说："隔壁班文轩也退学啦。"我心里咯噔了一下，果然，他家里出事了。只听琪琪继续说："听说他家的房子和车子都被收走了。听说他爸被抓后，很多人去他们公司和家里要钱。不出事不知道，原来他爸在外面欠了很多钱呢。”

同学们里有好几位平常没少受文轩欺负，加上他恶名昭彰，所以，几乎所有人听了消息，都是一副幸灾乐祸的表情。

“阿杰家呢？有消息吗？”我问。

琪琪皱着眉，摇头道：“只知道他爸告了密，之后就不知道去哪里了。”

希望阿杰一家能尽快好起来。我暗暗念道。

回家把文轩的事跟爸妈一说。妈妈说：“在外面欠那么多债，未必是他爸品行不好。做生意就是这样，别看平日里外表风光，很多公司的现金流都不好。买货买设备要提前付款，卖出去的货，又不一定能马上收回钱来。工人工资、房租铺租却要每个月及时发放。为了周转，大多数公司都会向银行贷款，或者欠一些供应商的款。

老板一被抓，大家都怕自己的钱收不回来。还没收回来的钱，人家自然是能拖就拖，最好拖到公司倒闭，就不用再给了。但是欠的债，那些人却会第一时间涌过来讨债。这样收回来的钱少，付出去的钱又多又急，很容易现金流就断了。”

“早知如此，何必当初。”爸爸说：“所以，钱就要踏踏实实地赚，稳扎稳打，循规蹈矩。这种为了赚快钱，走旁门左道，一有风浪，就全毁了。”

3.　花钱可不是一件简单的事儿

“嗯嗯。钱要踏踏实实赚，不要走旁门左道。平日里待人要和善，积累善缘。”我想了想，又问道：“到底怎样踏踏实实赚钱呢？你们一直在跟我讲钱的道理：钱不是万能的，钱是为了更好的生活，不要成为钱的奴隶，被动收入很重要，现金流比赚多少钱更重要，赚钱要取之有道……这些你们说了很多，可是，到底怎么去赚钱呢？你们什么时候才开始教我理财呀？"

妈妈看着我笑了，说："理财，可不仅仅是赚钱这么简单。它包括赚钱、花钱、储蓄、投资等多个方面。对小孩子来说，首先要学会怎么花钱。"

"花钱还不简单吗？有钱，谁不会花呀。"我说。

"那可不一定。还记得上星期我们去冒险乐园玩吗？有个游戏是用游戏币扔分数，分数越高，换得东西越多。"

"记得，记得。有个爸妈带着两三岁的小宝宝，拿了一塑料袋的游戏币在那里扔，扔了很多个，最后换了一个毛绒玩具。"对那个家庭，我印象很深刻，他们扔游戏币的时候太爽快了，一秒一个，一秒一个，好像游戏币不用钱换的一样。

妈妈继续说："5元钱一个游戏币，那么短的时间，扔出去绝对不少于20个。至少花了100多元，却只换了一个毛绒玩具。100元可以买好几个这样的玩具了。而且，这个游戏很简单。我们自己也可以做。在花园里画上格子，标上分数，设个奖品就行了。对吗？"

"好主意。我可以在家跟弟弟玩。"

"同样是100元，另外一个人，她和你一样喜欢做手工，平日里就喜欢DIY一些小东西。她花50元买手工材料，开开心心做完了，把成品放在网站上卖了100元。这样她不仅体验了DIY的乐趣，100元还变成了150元。"

"哇！还可以这样？太棒了！"我最喜欢做手工了，这个生意我也能做。

"所以说，花钱，也不是想象的那么简单的。怎样让钱发挥最大的效用，这可是一门大学问。"

"嗯嗯嗯。"我头点得像小鸡啄米一样。"还有什么？还有什么？"

"还有很多花钱的陷阱，要懂得避开，要在很多产品里选择自己真正需要的，价廉物美的，这些都需要学习。"妈妈说。"这周六咱们去超市买东西，就先给你演练一下吧。"

"好耶！"好希望快点到周六。

父母偷偷学

和孩子讨论钱能买到哪些东西，买不到哪些东西？有钱的文轩，能否买到同学们的尊重、喜爱，能否买到学校的知识和重头再来的机会？

和孩子讨论，是不是钱越多，人生价值就越大？钱是不是越多，人就越幸福？

KIDS´
ROAD
TO
WEALTH

高财商 孩子
养成记：
人人都能学会的
理财故事书

艾玛·沈 　著
杨舒乔 　插画

第二篇 消费

CHAPTER 超市大作战

　　好不容易熬到了周五晚上。我正想摩拳擦掌，来一场超市大血拼。妈妈却说，这一周我只需要去搜集大家的购买需求，其他还是一切照旧。我不解地问她，她只是神秘地向我眨了眨眼："去做吧。把大家想要的东西和数量都记下来。到时候，你就明白了。"真不知道她是怎么想的。

1. 神秘任务

我拿了小本本，一边问一边记：奶奶要买蔬菜和肉，爸爸要买茶叶和气泡水，妈妈要买水果和牛奶，菲佣 Angel 要买米、洗洁剂、手套，菲佣 Bella 要买弟弟的尿片和湿纸巾，我想买餐盒和冰激凌，弟弟想买巧克力和饼干。

周六，全家出发去超市。妈妈特意交代，不要带昨晚统计的列表。到了超市，我们就如往常一样散开，各自去取想要的东西，最后在收银处汇合。

我、弟弟和 Bella 一组。爸爸和妈妈一组。奶奶和 Angel 一组。弟弟每次来超市都会兴奋地乱跑，我和 Bella 就在他后面追。他把所有看中的零食和玩具都放在推车里，我和 Bella 就趁他不注意，又放回去一部分。当然，我也选了一些。

在收银处，弟弟吵着由他来付钱。我便笑他："你有钱吗？你的钱呢？"他居然从他的小包包里，掏出几张外婆给他玩的人民币玩具纸币出来。

妈妈说，在小孩子眼里，爸妈的钱包就像魔术师的帽子，里面总有取之不尽的纸片，能够用来交换各种各样的玩具和零食，这就是孩子对钱最初的认识。明白"钱和物品的交换关系，给了钱才能拿走物品，不给钱不能拿走"，对一个小小孩来说，非常重要。他因此明白每样东西有其所有权，不同的东西属于不同的人，不能随意拿走。如果想要，可以用钱来换，只要对方愿意，就可以达成交易——这就是钱的功能。

小时候妈妈是怎么教我的？我已经不记得了。现在弟弟每进一家商店，妈妈都会很耐心地跟他讲解：这里是家电卖场，只能买冰箱、电风扇，没有衣服和零食；这里要先跟服务员阿姨讲我们要买什么，阿姨会在纸上写下来，我们拿着单子去付钱，付完钱才能拿走货物，走的时候，记得也要把单据带走……妈妈说，弟弟慢慢就能明白不同类型商店卖不同属性的货物，购物流程也不一样。

不过，她也说，这些都是常识，不教，以后也会，不过是找些话题，一路讲讲，拉近亲子关系、丰富语言词汇。大象、长颈鹿、恐龙和蜘蛛侠，讲久了，也会讲完的。于是乎，现在的我也养成了跟弟弟唠叨的习惯，什么事情都能东拉西扯讲一通。

买完单，和往常一样，大家推了两架满满的购物车去停车场。

到家后，妈妈把购物的发票塞给我，说："去，把谁买了什么，买了多少，花了多少钱，列出来。用 Excel，不要用你的小本本。"

我把买来的货物和金额都录进了表格，然后一个个去问是谁买的东西。等我做完了，妈妈又让我在每个采购人后面列出当初他们提报的采购需求，进行对比，再问问他们，为何买了那些当初没有想买的东西。

采购人	实际采购					提报需求			
	物品	数量	单价	合计	备注	物品	数量	单价	合计
妈妈	牛奶	1	25.5	25.5		牛奶	1	25.5	25.5
妈妈	蓝莓	1	19	19		水果	1	19	19
妈妈	面包	1	12.6	12.6		面包	1		
妈妈	西瓜	1	39	39	儿子喜欢吃				
妈妈	火腿	1	35	35	想到哈尔玛火腿加哈密瓜好好吃				
妈妈	哈密瓜	1	26	26	买了火腿，自然要配哈密瓜				
妈妈	...	...	...	...					
爸爸	茶叶	3	25	75	多了几款新口味，都试一试	茶叶	1	25	25
爸爸	气泡水	6	11	66		气泡水	6	11	66
爸爸	薯片	1	15	15	老婆喜欢吃				
爸爸	...								
奶奶	蔬菜	3	12	36		蔬菜	3	12	36
奶奶	肉	3		45		肉	3	15	45
奶奶	鱼	1	30	30	孙子喜欢吃				
奶奶	猫零食	5	7	35	看到特价				
奶奶	...								
...	...	...	...	...		...	...	...	...
实际购买总计金额						提报需求总计金额			

实际购买与提报需求的差异

我似乎明白妈妈要做什么了。实际采购回来的物品，比当初的需求多了很多。虽然已经有了心理准备，结果还是让我大吃一惊。居然在不知不觉间，我们比需求单上多买了 450 元的物品。有的是因为买多几个有优惠，有的是看到物品后觉得自己或家人会喜欢，还有一些本来家里还用不上，但因为超市促销，就买了。

我把我的发现与妈妈分享，妈妈直夸我总结得好，让我下周六继续统计购物需求。不过下一次，就不再带大队人马去超市，而是由我自己去超市采买，菲佣 Angel 从旁协助。

2. 重要发现

第二个周六，我雄赳赳气昂昂，带着 Angel 去了超市，严格按照需求单执行，结果毫无疑问——完全没有超预算。

"你发现了什么规律？"妈妈笑着问。

"第一，根据需求单购买，又省钱又快，直接冲到货架，买了就走；第二，去超市人多的话，诱惑也多，每个人多买一点，加起来就很夸张了。"我想了想，继续说道，"而且只有两个人去买，其他人的时间就节省下来，可以转做其他事情。"

"哈哈。你发现了社会分工的奥秘。"

"什么叫社会分工？"我问。

"就是每个人专注做自己擅长的事情，其他部分有其他人来完成，这样能大大提高整体的效率。"妈妈顿了顿，继续问："有没有觉得这次东西买少了，心里很难受，觉得生活质量变差了？"

妈妈的问题很奇怪。为什么会觉得生活质量变差了呢？我完全没有体会到啊！"不是就去买自己想买的东西吗？跟生活质量有什么关系？"

"很多人讨厌'理财'，因为他们把'理财'等同于'节省'，一提到理财，就想到'每个月必须勒紧裤腰带，这里抠一些，那边省一点'

的苦哈哈生活。其实，完全不是。理财本身是为了更好的生活，并不是一味让大家节省再节省。没有生活质量的理财，不是聪明的理财。

第二次去超市，只减少了负责采买的人员，以及限制了只购买需求单上的物品，就比上一次省下了一大笔费用。因为，我们想买的都写在单子上，没有诱惑就没有伤害，没买购物单以外的物品，不会让我们有缺失感，也就没有了降低生活质量的负面感受。"

"哦！对哦。"我觉得很有道理。

"这次成功的关键在于减少与商品的接触。人的决策很容易受到视觉的影响。很多时候，只要没有看到五颜六色的商品，我们就根本没有购买它们的欲望。但是，只要看到它们，就有可能受到强烈的诱惑，从而买下原本根本不需要的物品。"

我回想了一下以前买东西的经历，的确如此。很多玩具和漂亮的文具，本来没想要买，可是在货架上看到它们，心里就乱乱的，特别想买了带回家。可是，买回家以后，又觉得不好玩，就扔在角落里再也不碰了。

"周末，很多家庭会大清早去酒楼喝早茶，然后全家一起逛商场、逛百货公司。这是一个非常差的习惯。商场是消费的场所。这么做，其实是鼓励孩子每个星期都要消费。满眼看到的都是精致美好的商品，要么就花很多钱买回来，若要忍住不买，开心指数就会下降。如果改去户外爬山、游泳、打羽毛球，同样能度过一个美好的周末。获得的快乐感相似，财务付出却相差甚远，这就是会理财和不会理财的区别。"

"现在是物资极度丰富和过剩的年代，商家费尽心思引诱大家去消费，要强制大家完全不买，这是违反人性。最好的方法，就是降低接触商品的频率，省下时间去做更有意义的事情。

很多女孩子无聊时会刷淘宝。本来并不想买什么，但看到特价或者美好的东西，就会忍不住要买，不买就不开心。那么，当你想要刷淘宝打发时间的时候，不如改在网上找一部电影，或读一本小说，要不就去做一下运动。

降低频率，是理财中的一个重要诀窍。它既不会大幅度降低人们的生活质量，又能显著地省下费用。

美国有一对夫妇，每天早上都会外出一人买一杯星巴克咖啡。后来，一位理财顾问跟他们说：你们每天两杯咖啡，一天虽然只花了 70 元，但一年就要 25 550 元，30 年下来，就是 76.65 万元！"

"每天两杯咖啡，就要 76 万块！"我惊呼，"太夸张了！"

"没错。那对夫妇也被数字震惊了。之后，他们降低了喝咖啡的频率，从每人每天一杯，变成隔天一杯，生活并没有受到很大影响，却省下了不少钱呢。

这个故事后来被称为'摩卡因素'效应。它告诉我们，生活中那些看起来不起眼的非必要开销，如果频率很高，常年累月下，足以掏空你的钱包。广东话里有句俗语，叫'小数怕常计'，说的就是这个道理。

理财的诀窍之一就是发现这些不必要的经常性开支，在不影响生活品质的前提下，适当降低频率。"

我点点头："嗯嗯。改做花费少但同样有意思的事情，少逛商店，减少被诱惑的机会。"

"这次任务完成得不错，总结和思考也做得很好。接下来一周，继续用这个方法去超市买东西，不过我要增加难度了。"妈妈笑得狡黠。我预感下一次任务怕是不简单。

3. 价格比较

到了第三个周末，妈妈依旧让我统计大家的购物需求。出发去超市前，她指着我手里的需求单说："同一件东西，有不同的品牌，价格会有一些差异。比如，这牛奶，有维记的、雀巢的、还有十字奶。拿上纸笔，记下每个货品不同品牌的价格和数量(多少毫升或多少克)，如果找得到的话，至少列出三个品牌。然后选一款买回来，记下你选择的理由。选的时候，别忘了看保质期，别买过期的回来。"

这一次，我花了很长时间。回到家时，都有些头晕眼花了。以前，我从来没有发现每样东西有这么多品牌，而且价格差异还可以这么大？

"幸亏我带了手机，有计算器，否则真算不过来。有些东西看上去总价便宜，但是核算到单位之后，单价反而更贵呢。"一看到妈妈，我就迫不及待分享起来。

妈妈检查了一下我的记账本，又翻了翻我买的东西，说："需求单上只需要一盒牛奶，为什么你买了三盒？牙膏也只需要1个，为什么你买了三支装？"

我得意起来："因为三支装便宜很多呀。你看，单价我都记下来了。"

"真是一个精打细算的小姑娘。不过，这种因为便宜，而买多支装的情况，要遵守几个前提：

超市大作战

1. 没有了再买。家里的已经用完了，的确需要的时候，才买。不能因为多支装便宜，不管家里有没有，先买在家里存着。否则你就又陷入商家促销购物的陷阱了。

2. 是使用频率较高的物品。别一个月才用一次，用几年都不会坏的东西，买来存着，只会浪费空间。

3. 是保质期较长，不容易变质的物品。别还没轮到用，就过期了。"

"嗯嗯。我记下了。"我说。

"很多人觉得买多支装是省钱，我并不赞同。"妈妈突然又调转了风向。

"哈？为什么？"我问。

"这些省下的都是小钱，反而却有可能让你不知不觉花费更多。比如，你本来只想买一包薯条给弟弟吃，结果因为贪便宜，买了三包。弟弟本来吃一包就够了，却因为家里放着，就吃了三包。

又如洗头水，你现在贪便宜买了几个同款的。过几个月，再逛超市的时候，发现有了新品种。你特别想试新品种，家里剩下的那些就成了鸡肋，老想着快点用完，或者没等用完，又买了新的。

父母偷偷学

试着让孩子跟着文章内容操作一遍，让他们总结经验。当孩子完成购物行为时，家长做出中肯的点评，赞扬孩子做得好的地方，点出下次要继续留意的地方。

反思自己的生活中有哪些"摩卡因素"，计算它们一年和十年总共消耗的费用，思考能否适当降低频率。

周末来临，组织大家来一场户外活动，替代平日的商场游，体验不花钱的快乐。

爷爷奶奶住的房子很小，因为，奶奶喜欢买买买，爷爷和奶奶又都不愿意扔东西，所以，家里摆得满满的。

我们一家人要去看望他们，到的时候，奶奶正好要出门去菜场，我和弟弟也跟着一起去。爸爸妈妈留在家里陪爷爷说话。离开前，妈妈交代我："仔细留意一下这里的菜场和超市有什么区别。"

奶奶家楼下就有一个菜场，以前我曾经去过，暗暗的，很破旧。地下淌着油腻腻、黑乎乎的水。很多人在里面大声说话，非常嘈杂，感受很不好。几个月前，这里刚刚装修过，完全换了一副模样，又整洁又明亮，在里面逛很舒服。

1. 菜场与超市的不同

我牵着弟弟的手，学妈妈的样子跟他念叨："这里是菜场，我们可以在这里买到蔬菜、肉、鱼、虾和海鲜，还有洗衣粉、拖把等等日用品。"

"有玩具吗？有饼干吗？"弟弟只关心这两样，仰着头问我。

我点点头："有的。超市里卖的东西，这里大多数都有卖。不一样的是，在超市，你看中什么，就自己拿了，放在购物篮里，最后到收银阿姨那里一起付钱。菜场呢，你看中了什么，要告诉卖东西的老板，老板会拿来称称重量，再告诉你一共多少钱。你给完钱，才能把东西拿走。"我想，超市和菜场就这些不同吧？！还会有什么呢？

路过一家杂货铺，门口挂着五颜六色的玩具。

"这个家里有。"弟弟指着一把手枪说。的确，这个手枪和前几天爸爸在玩具反斗城里买的一模一样。

"这个手枪多少钱？"奶奶指着手枪问老板。

"家里已经有啦！"我拉拉奶奶衣袖，小声提醒道。

"我知道！就问问价钱。"奶奶也小声地跟我说。

老板抬眼看到是奶奶，说："玲姐，你来啦。你要的话，就算你 25 块啦。"

"才 25 块？！爸爸买的，要 89 块呢！"我差点低呼出声。爸爸买的时候，我也在。玩具反斗城里的价格都是以 9 结尾，如 69、129、189 等等。爸爸说，只要加 1 元，给人的感觉就贵了一个档次，大家心里不好受，所以，商家才这么标价。因此，我记得很清楚。

奶奶一脸不高兴："就说呀！你爸妈老是去商场和超市买东西。那里的东西比菜场可贵多了。"奶奶很喜欢菜场，一天至少来两趟。

"为什么菜场会比超市和商场便宜那么多？因为菜场的老板们认识你吗？"我问。

"哈哈。当然不是啦。因为菜场的铺租便宜呀。商场的铺租最贵，超市也贵，菜场的最便宜。"奶奶说。

"为什么商场和超市的铺租贵呢？"我又问。

奶奶愣了愣，说："反正就是贵啦！"想了想，她又说："可能装修比较好吧？"

嗯。菜场的价格比较便宜，这也是一个差异。

跟着奶奶继续逛，我发现，这里很多家店卖的东西都一样，价钱也差不多。

弟弟没了耐性，拉着我的手往外跑："去游乐场，游乐场。"我们只好匆匆打道回府。

2. 价格、价值与供求关系

我问妈妈："为什么同样的东西，价格相差那么大？"

妈妈说："商品的价格不等于价值。空气是最需要的东西，没有空气，咱们无法生存，因此，空气的价值特别高。但是，空气价格为零，不用花钱买。两把手枪的功能和质量完全一样，那么价值就应该是一样的，可价格却有差异。

价值相对固定。价格随行就市，常常变动。商家要支付铺租、员工工资、缴纳各种税费、应付日常消耗、冒经营失败的风险，这些因素都会在价格中体现。而且，每个商家希望在商品中获得的利润也不同，有的想赚多一些，就价格高一些；有些想便宜点，吸引更多人来购买，价格就设置低一点。因此，价格通常高于产品本身的价值。"

"价格会低于价值吗？"我问。

"当市场上有很多同类的产品，但想要购买的人却很少的时候，商家为了尽快回笼资金，会选择折价卖出。因此，价格除了受商品的价值、运营费用、商家的利润期望有关以外，还受到供求关系的影响。"

我："什么叫供求关系？"

妈妈："假如你 5 元买了一瓶纯净水，想要卖出去。如果在机场候机厅，本来就有免费纯净水供应，人家还会来买你的水吗？"

我摇摇头。

妈妈又说："如果你在沙漠，有个阿拉伯的钻石商人扛了一大袋钻石，却没有水，快渴死了。这个时候，你卖水给他，卖多少钱？"。

供求关系是价格的重要决定因素

我不假思索地说："肯定卖越贵越好。"

妈妈："没错。越贵越好。你甚至可以把他身上的所有钻石都要过来。因为他没有水就没命了，钻石对他来讲一文不值！你的那瓶水，却可以给他生的希望。"

我欢喜道："哇！赚到了！"

妈妈："但是，原来他身边，除了你以外，还有好几个人，他们都带了水。那钻石商还会把钻石全部跟你换水吗？"

我摇头说："肯定不会啦。自然是谁卖的便宜，就买谁的。"

"对。所以，价格的形成，跟你当初买了多少钱有些关系，但更重要的是由供求关系决定的。供应少，想要的人多，价格就贵；供应多，想要的人少，价格就便宜。供应、需求和价格就形成这样一个组合。"妈妈一边说，一边拿出手机，画出简图来。

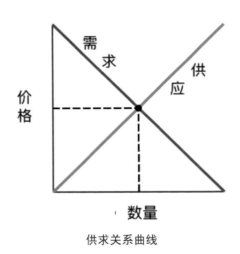

供求关系曲线

卖水的例子很容易理解。我似乎明白了。但再一想，又觉得疑惑："我怎么知道现在整个市场有多少人卖，有多少人想买呢？菜场比商场和超市便宜，是因为供求关系吗？"

"卖家想卖一件货物，通常会先了解一下周围铺子里别人卖多少钱，再考虑自己的成本，订一个价格。这个市场价就受到了供求关系的影响。卖家还需要每隔一段时间就出去打听打听，根据市场行情不断调整自己的卖价。

因此在同一个时间点，市场价相差不大的情况下，菜场和商场、超市之间的定价差，主要来自于货物采购的成本和商铺运营的成本。市场价与两个成本总合之间有一定的利润空间，这个空间就是商家的盈利所在。知道了定价的原理，我们就能明白要想买到最实惠的东西，我们应该怎么做了。"

　　"怎么做呢？"我听懂了定价原理，也还是不明白呀。

3. 货比三家

　　妈妈说："菜场、超市和商场的运营成本不同。菜场分散在居民区，装修简单，店铺都比较小，铺租便宜。店家通常是家庭式管理，员工大多就是家庭成员，一两个人做了所有的事情。不像大公司，一个人负责一块工作，专人专岗。菜场店铺的员工不怎么跳槽，不需要重新招聘、培养，工资成本较低。再加上菜场售卖的通常是日常生活用品，来来去去就几样。很多店卖的款式都一样，彼此竞争，就压低了价格。"

　　"哦。商场呢？"我问。

　　"商场的位置通常比较好，交通方便，人流密集。装修得很豪华，铺子的面积也大。商场经常会搞各种各样的活动来吸引人流，这些都会折算到每一间店铺的运营成本里。因此，铺租非常贵。商场店铺里的员工都是外聘人员，要跟市场抢员工，薪水必须接近市场平均水平，否则，人家不愿意来工作。员工流动频繁，新员工要培训，老员工要加薪，人员成本就比较贵。商场里的店铺还会花很多钱去打广告，吸引大家来购买。各种各样的费用加起来，在商场运营就要贵很多。"

　　"超市呢？"

　　妈妈说："超市的各种费用介于两者之间，价格也是如此。"

　　我明白了："所以，买东西要去菜场买，才能买到最实惠的东西。"

　　妈妈摇摇头："不一定。菜场里的商品种类不多。很多想要买的东西，在菜场里都没有。"

我又搞不清楚了："那怎么办？"

可能是觉得她讲了这么多我都不明白，有些丧气，妈妈叹口气，说："既然不同卖家的价格不同，我们买东西的时候，可以货比三家，看看哪一家更便宜，就去哪一家买啦。"

哦！我恍然大悟："那爸爸就没有货比三家，结果买贵了64块。我回家后，也要跟爸爸讲讲菜场与商场的区别。"我慎重道。

妈妈哈哈笑了起来："爸爸不是不明白这个道理。只是，对他来讲，为了省64元，专门跑去不顺路的菜场，所花费的时间和精力比64元更贵。"

"哈？时间和精力也花钱吗？"我又迷糊了。

4. 稀缺的资源

"在这个世界上，相对于我们无限的需求而言，在一定时间和空间范围内，资源总是有限的。每个孩子都想要数不清的玩具，越多越好。但我们家堆放的空间是有限的，玩具多了摆不下；我们能够用于购买玩具的钱也是有限，多了买不起；小朋友的时间也是有限的，我们每个人一天只有24个小时，做了这些事，就没时间做那些事，玩具太多了，也玩不完；和电脑游戏里人物的精力条一样，我们每个人的精力也是有限的，做久了会体力不支，必须休息，否则，没力气做其他事。我们把这种情况叫做'资源的稀缺性'。你还能找到其他稀缺性的例子吗？"

我很快就想到了第一个："学校里的教室就那么多，小朋友多了就坐不下。"

第二个："下雨天的计程车就那么多，因为下雨，大家都想打车，所以就老是打不到车。"

第三个："迪士尼公园就那么大，假期里大家都去玩，所以，老要排长队。"太普遍了。我脑子里的点子一个个直往外冒。

妈妈打断我："没错，正因为资源是稀缺的，我们做任何活动，都应做出选择。选择只去做那些对我们来说重要的事情，放弃另外一些不重要的事情。但是，对不同的人来说，东西的稀缺程度不同，因而，这些东西带给我们的价值也不一样。

奶奶退休在家，平常没什么事情做，多走几个店铺，比较一下价钱，并不影响她什么。而且，她已经不再有收入，需要靠子女奉养，收入对她来讲就是有限的，所以，省下一点钱对她来说比花费多一些时间更重要。

爸爸每天工作很忙碌，用来休闲和购物的时间有限，他的收入比较高，对他来说，省下时间比省下几十元钱更重要。

因此，当别人做出与你不同的选择时，并不一定表示他们的选择就是错的，也许只是那件事情对你和对他们的重要性不同罢了。切忌不要仅以你自己的标准作为评判他人对错的标准，要多站在对方的角度思考问题，想一想他们选择背后的原因。"

父母偷偷学

让孩子举出还有哪些"资源稀缺性"的例子。再讨论一下，身边有哪些事例，可以反应不同事情对不同的人重要性不同，从而造成了他们的不同选择。

带孩子感受一下菜场、超市和商场的区别，鼓励孩子做一次货比三家的购物尝试。

CHAPTER 08 同学家的带泳池豪宅，实在太棒了

　　这周日，嘉恩生日，她邀请同学们去她家玩。她家在地铁站上，楼下就是一个大商场，吃饭看电影买东西，应有尽有，非常热闹。楼房很新，大堂走进去一路都是大理石和水晶灯，特别气派。还有健身的地方，我们在里面打保龄球、打壁球、玩健身器械。

　　她家在四十几楼的顶层，电梯超级快，而且很安静，一眨眼就到了。房间好大，里面有两层。妈妈说，这种房型叫复式特色房，两层加起来总共有160平米呢，在香港，算是很大很大的房子了。房间里也全是大理石装饰，落地大玻璃，窗外恰好有一片公园，郁郁葱葱，看着非常开阔，特别舒心。

最夸张的是顶楼天台也是她家的！一半放了个烧烤炉、一套户外桌椅、一个储物柜，另一半居然是一个私人泳池，尽管很浅，只有儿童池的深度，长度也很短，但毕竟是她家自己的耶！！

我们先在会所里打保龄球，之后在泳池里泡着聊天、玩水，最后一起烧烤、吃蛋糕。走的时候，每个小朋友还有礼物。实在太开心了！嘉恩家真是太棒了！要是我也有这样的家就好了，那我每个周末都会邀请朋友们来家里玩。

　　我实在是太兴奋了，回家的路上，不停地跟妈妈念叨嘉恩家有多棒。在我说了无数次"要是咱们家也这样就好啦"之后，本来开车接我回家的妈妈，转道去了附近的一家商场。

　　我醒悟过来，反复说别人家比自家好的确不太恰当。不知道妈妈会不会发飙，心里很忐忑。不料，妈妈没有跟我聊家恩家房子的问题，而是带我进了一家电器铺。

1. 选哪一款电饭煲

　　我们走到一排电饭煲的货架前，妈妈问："如果想买一款电饭煲，你会买哪一个？"

　　"家里不是已经有电饭煲了吗？"我疑惑地问。

　　"还记得上次我们说，要学习挑选价廉物美的产品吗？这次，我就带你过来试一试。"

　　"好耶！"我摩拳擦掌起来。在架子前来回走了几次，看着眼前一溜烟长得差不多的电饭煲，我傻眼了："怎么有的要三千多，有的只要三百？是因为品牌不同吗？"

"除了品牌不同以外，还有外观、容量、功能、性能、耗电量、方便性等方面的不同，这些不同都会影响价格的高低。"妈妈指着其中一个三千多的电饭煲说，"你看这个，外观是酒红色的，比其他的更加抢眼；容量方面，它最大，可以一次煮更多米；功能方面，除了煮米饭、煲粥等基本功能以外，还能煲汤、发酵、煮温泉蛋糕；性能指的是运转得快不快，稳不稳定，会不会老要修，这些可以去网上查用户评论；耗电量和性能一样，都是使用电饭煲的成本。买东西，除了一次性的购买费用以外，还要考虑使用的成本。这里有个节能指数，指数越低，表示耗电越少；方便性指的是操作复不复杂。"

我反复比较了一下后说："那我就买这个最贵的！它的功能最多，容量最大。节能指数也很低。"

"各方面条件越好的东西，价格一般也都越贵。如果买了这个锅，我们就会为一些本来不需要的功能买了单。当剔除掉你不需要的功能时，你会发现价格一下子就降了下来。你看看，我们只需要1公升容量，功能只需要煮饭和煲粥，要节能，其他的没什么要求。你看看，满足这些条件的，需要多少钱？"

我再找了找，惊讶道："最便宜的只要300块。最贵的也才一千多。"

妈妈说："昂贵的东西，并不一定是适合你的东西。因为商家的销售手段，我们常常为一些根本用不上的功能买单，支付了远高于你需要的价值的价格。人是感性动物，常被情绪左右，会忽视很多显而易见的事实。"

"那怎么办？"

"最好的方法就是——坐下来、提起笔、列出不同的条目、比较各个选择的优缺点，这时候，你就能重拾理性。这个方法看似简单，却极其有效，可以在做任何选择时使用。比如选读哪一个专业，去哪一间公司等。可惜，虽然很多人都知道这个方法，却很少有人在生活中有意识地去使用，并根据这个方法来做决定。这个方法，你会了吗？"

"嗯嗯。"我点头。

妈妈继续说："好。一会儿回家的路上，你想一想，怎么用这个方法来比较我们家和嘉恩家的房子。"

我的心砰地一跳，原来坑埋在了这里。

2. 列出两家的优缺点

回到家，妈妈拉我坐下，拿出纸笔："来，我们讨论一下，咱家和她们家有什么优缺点：

（1）人口：她家多一个孩子、少一个外佣。咱家少一个孩子、多一个外佣。通常主人需求的空间大一些，外佣所需空间小一些。所以，她家对房屋大小的需求，比我们多一点，但也相差不大。

（2）房屋大小：她家室内面积 $160m^2$，另外 $40m^2$ 米无盖户外、$40m^2$ 泳池，合计 $240m^2$。咱家房屋面积 $100m^2$，另外 $40m^2$ 有盖户外，$50m^2$ 无盖花园，合计 $190m^2$。她家室内面积更多，咱家有用的户外面积更多。

（3）房间数：她家四间房、四个洗手间。咱家四间房，两个洗手间。因此，她家比咱家多两个洗手间，每个房间也大一点点，但相差不大。

（4）配套：她家有私家泳池，咱家需要步行 5 分钟去会所游泳，但会所的泳池更大。她家的会所装修更豪华，咱家的会所比较朴素，但功能上来说，咱家的会所提供的设施更多样化。

（5）周围环境：她家在地铁站上盖，交通和购物更方便，但人口也更密集更杂乱。咱家需要开车或坐小区穿梭巴士出门，但更幽静，更天然。"

列出这些后，妈妈继续问："你觉得，咱家跟她家相比，哪一个更好？"

我犹犹豫豫地说："好像差不多。她家更漂亮一点。"

妈妈说："是的。她家房间大一点，装修更新更豪华些。但总的来说，并不比我们好很多。对吗？"

我点点头。

妈妈继续说："很多时候，我们会被情绪影响，心心念念，反反复复，只觉得另一样更好。但当你静下心来，拿起笔，列一下优缺点。你就能看到以往忽视掉的一面，从而恢复理性，帮助你更好地做决定。我们再来看看，拥有这两个房子，我们分别要付出什么：

3. 比较两家的投入

（1）交易成本：根据市场价，咱家值 1000 万，她家值 3000 万。这是房子的单价。如果要把房子买下来，除了房子的单价以外，还需要其他费用（如律师费、中介佣金、屋契、按揭契、釐印费等），这些都与房价相关，房子越贵，这些费用也越贵。我们把买下一样物品所需要支付的所有费用，叫做'交易成本'。在这里，也即房价和其他费用的总和。这两套房，大致估算交易成本相差 2100 万。

（2）持有成本：因为拥有这套房子，我们需要支付管理费。管理费与房子的室内面积有关。室内面积越大，费用越高。加上，他们的私人泳池必须额外聘请公司护理，要定期消毒、防止漏水、保持水循环，平均每月增加费用两千元。再有，我们的房子含免费车位，她家需要另租车位，以一辆车计算，每月车位租金也要两千元。三项费用合计，她家比咱家每月要多付出 5000 元，一年就是 6 万元。

（3）机会成本：因为咱家选了便宜的房子，省了 2100 万交易成本。这笔钱，如果买长期稳定的债券或大型蓝筹股，每年 5% 的利息妥妥的。那每年至少多赚 105 万。如果买 500 万一套的小公寓出租，可以买 4 套，预计每年收租回报 3%，楼宇涨幅 10%，那每年可以赚 260 万。如果向银行贷款，买多几套公寓，那收入就更夸张。

　　我们每做一个选择，都会放弃其他选择，也就放弃了其他选择带来的收益。其中，放弃的选择中带来最高收益的那项选择所预计能获得的收益，称之为'机会成本'。在这里，我们如果选择她家的房子，那么机会成本将超过 260 万 / 每年，十年下来就至少是 2600 万。

　　你愿意每年多花 260 万，换来房间大一点点，又不是大很多；装修更新更豪华一点点，也不是相差很远吗？这一年的 260 万，大概需要大学毕业生们工作十年，不吃不喝不花费，才能存到。"

　　"每年多花 260 万？不要不要不要。"我的头摇得像拨浪鼓。

　　妈妈继续说："你看到一个玩具好漂亮很好玩，买回家。第一天玩，感觉真不错，一星期以后，是不是就觉得一般般？再过一个月，可能就扔在玩具箱里，很少拿出来玩了？"

　　"恩恩。"

　　"这种好玩的感觉，每天会越来越少。这种规律称之为'边际收益递减'，也就是说同一个玩具每天带给你的用处越来越少。新房子也是如此。你第一天去她家玩，觉得她家很新很不同，还能每天在家里游泳。一旦住下去，这种新奇感就会越来越少。游泳池可能一个月只去一次。夏天香港多雨，冬天寒冷，更不会去游泳。但由于怕阳光暴晒，造成泳池瓷砖开裂而漏水，还必须每天存着水，费用却要每天支付。"

　　"是挺不值得的。但是，她家为什么会买呢？"

　　"我不知道她家的经济情况如何。也许这每个月的运营成本只占她家支出的很少一部分。也许她们没有这么仔细算算帐。再或者，还记得我们说过的吗？每个人对重要的事情定义不同，因此大家才有不同的选择。每个家庭有他们自己的需求，也许对我们来说不重要的，对他们来说很重要。"

No.

每个人心中都有一个梦想屋

4. 找最适合你的，而不是最贵的

妈妈接着说："我们说一个物品的价格和价值并不对等。每个人的需求不同，需要物品提供的价值也不同。因此，同一物品，在不同人的眼里，可能会有完全不同的价值。

你或者觉得她家的房子更新更好一些，但在我眼里，咱们家才是那个价值更高的。她家的户外空间在天台，一半是泳池，一半放了烧烤炉。但是上去要爬楼，懒劲一上来，我怕是陈年累月都不会上去一次。

而花园，却是房间的延伸。你站在屋子里，打开门，花园就在眼前，踏步就入。闲时莳花弄草，颇有情趣。咱们种的那一棵锦叶榄仁。春天满树长出红色嫩芽，夏天转为绿白交夹的树叶，秋日枯黄，冬季叶落，铺了满地。还有那绣球和雏菊。它们是毛毛虫和蜗牛的最爱。一到春天，全家一起捉虫，分外有趣。你看，弟弟对昆虫情有独钟，两岁时便能说出十几种昆虫的英文名。一听说要捉虫，就特别欢快。"

"再说这卫生间，家里不过五六人，需要四个卫生间吗？这些都是开发商制造的需求，让大家感觉但凡有套卫，必显得尊贵。尊贵的房子自然也就应该价格不菲。大理石地板配水晶灯，基本算豪宅样板房标配，感觉是长辈们住的地儿，完全没个性。我反而喜欢简单素雅的装修风格。还记得，有一年家里装修，咱们借住在舅公家里吗？"

我说："记得。舅公家也很大，楼下也是地铁站，也有商场，购物用餐都很方便。"

"嗯。很多香港人喜欢住那里，因此楼价也很贵。可我就是住不惯。晚上，窗外总有车开过，呜呜作响。咱们家晚上也吵。到了冬天，有一种鸟南迁来避寒，不知道叫什么，喜欢大晚上在屋顶一圈一圈的盘旋，间或几声鸣叫，高亢宏亮。有邻居在小区群里抱怨，要找渔农署把它们赶走，反被其他邻居嘲笑：如果怕鸟吵，就别住这里。

我还怕人多，走在中环或元朗，周围都是人，摩肩擦踵，行色匆匆。人群中，我反而觉得孤独，心不知道属于哪里。而在自家附近，闲庭信步，走几分钟都遇不到一个人，内心却异常宁静。"妈妈说这些的时候，脸上似乎透着柔柔的光。

我说："我也是，我也是。我也不喜欢人多。"

"所以，彼之砒霜，吾之蜜糖。豪宅虽然昂贵，却不如咱们自己的小屋。"

我猛点头。我也最喜欢自己家。

5. 抓住核心价值，剔除边缘价值，你就能大大降低价格

妈妈继续说："要想买房子。大户型、高层、向南、交通便利、知名开发商（建筑品质保证）、装修豪华……如果每一个条件都符合，价格必然高不可攀。你是否要拼尽全力去买？

你看大表叔，收入高，对自己的定位也高，第一次买房就要买港岛半山或九龙塘何文田等高档社区，一定要买大户型，要是新楼……这样首付就很高，还要再背很重的贷款，很多年都缓不过气来。

人生路很长。可以先买个小的，或远一些的先住起来。留些余钱做投资，赚取额外的被动收入。等以后经济状况好些了，才再换个更好的。"

"对，就像二表叔一样。"我点头。

"买房如此，买电饭煲如此，买其他物品也一样。虽然不同的供货渠道，会有少许的价格差异。但总体来讲，功能越齐全，质量越好，价格也通常越贵。要想大幅度降低价格，就需要放弃掉一部分功能。只有抓住了对自己重要的核心价值点，舍弃掉不重要的价值，你才能找到适合自己的价廉物美的商品。还记得，当你不知道如何选择的时候怎么做？"

我想了想："拿出纸笔，列出来两边的优缺点，看看哪些对自己重要，哪些不重要。只关注重要的点，放弃掉不重要的点。"

父母偷偷学

找一样物品，和孩子一起用纸笔列出该物品的不同维度，以及不同选择的优缺点。和孩子一起分析哪一个维度对自己来说更重要，哪一些维度可以放弃。

CHAPTER 09 在消费时，我们会遇到这些"坑"

这一日，我和妈妈在大街上走，有人塞了我一张宣传单，上面花里胡哨的，有几个特别大的字。

"哇塞！妈妈，你看！全场半价呀！"我挥舞着手里的宣传单，"就在前面，我们去看看。"这是一家时装店，男女老少的衣服、鞋子和饰品应有尽有。我们曾经路过几次，却没进去逛过。妈妈被我拉着走了进去。

1. 闪晶晶的海报款高跟鞋

在店里逛了一圈，有一双亮闪闪的女童高跟鞋特别漂亮，我忍不住拿起来左看右看。599 元，好贵呀！不过，半价的话，就便宜多了。我企盼地看向妈妈："妈妈！我的皮鞋小了，穿不下了……"我嘟着嘴看着她，撒娇道："这可是必需，不是想要，而且才 300 块。"

妈妈笑了："你可要看清楚了，真的是 300 元吗？"

"怎么不是？ 599 元，半价，不是 300 吗？"我的数学可是一直都不错呢。

"你去问问销售。"妈妈一脸促狭。我翻来覆去看鞋子标价，没错啊。

我找到一位销售小姐姐，问："姐姐，这个鞋子是 300 块吗？"

闪晶晶的高跟鞋

小姐姐摇摇头："这个鞋子可是最新的海报款，不在特价行列哦。"她指指远处角落里的一排衣服和鞋子说，"那边一排才是特价。新款是没有特价的。"

"宣传单上不是写全场半价吗？"我嘟囔着说。

"不是'全场半价'，是'全场半价起'哦。"小姐姐笑着跟我眨了下眼睛。

我急忙拿出单张来看。的确，在"全场半价"四个特大字的右下角，有个小小的"起"字。"全场半价起"就是全场最低半价的意思。我讪讪然放下闪晶晶的鞋子。

妈妈依旧是淡淡的笑容，牵上我的手说："走，我们先去看看半价有什么好东西。"

"哦！好！"我站起来，跟着妈妈走开。

我们走到打折区。眼前一溜都是秋冬的衣服和鞋子。现在可是夏天了呢。而且颜色都是灰扑扑的，款式旧，码数也不全。我回头再环顾周围的新款，摆得整整齐齐，要么闪闪亮的，要么是粉绿粉蓝色，像果冻一样可爱、鲜嫩。

"打折的和没有打折的，有什么不同？"妈妈的声音在耳边响起。

"打折的都不好看，好看的都不打折。"我沮丧地说。

妈妈拉我走出了商店，说："没错，这是商家促销的手段——把难卖出去的款式，或已经过了季节还没有卖完的货物打折，吸引客人进门。有人本来不需要买或不急着买，但因为特价，就忍不住掏了钱，把压仓库的款式买走了。商家就能收回成本、清空仓库，转而去采购新的货物。还有人因为打折进的店，却买下了更漂亮的新款，尽管这些新款并不打折。这是通过牺牲部分商品的差价来带动其他商品消费的方法。

有的店里，买几件才送一件，或买够多少钱才有赠品、才有特价。这样，本来人家只需要一件，为了打折或赠品就买了很多。

还有些商家，本来某件商品原价只有 600 元。为了显得打折幅度很大，临时把原价标高到 1000 元，这样，打半价就是 500 元。其实，跟以前的价格相比只优惠了 100 元，不知内情的客人就以为省了 500 元。这些促销的方法还有很多很多，目的都是让你花更多的钱。"

2. 你只能看到月球的一面

"商家真狡猾！" 我愤愤地与妈妈分享当时的感受。

"这也是销售的手段——突出商品的好处，避开弱点。" 妈妈指着前面楼宇外面挂着的大大的广告牌："你看，我们被数不清的广告围绕着：街头的广告牌、刚刚塞到你手里的宣传单、电视里、互联网上、手机的游戏 APP 中……"

"哈哈哈。" 我笑起来。的确，广告无处不在。

"我们买东西，不再因为我们需要，而是因为广告告诉我们需要，因为某某明星曾经用过，因为上面有某个卡通人物的图案。"

"和那个销售姐姐一样，广告只强调商品的优点，而不是事实的全部。就像月亮，它永远只给我们看到它发光的一面。不仅如此，大部分广告还刻意夸大商品的优点，把商品说得只有它最好。"

"那我们怎么分辨呢？" 我问。

妈妈说："广告有六种常见套路：

1. 人有我有，制造潮流；

2. 明星代言，很多明星根本没有用过该商品，只是把广告当另一个剧本在表演罢了；

3. 专家测评，由医生、律师、科学家等角色推荐，利用观众听信专业意见的心理，让观众相信该商品的优点，但有可能根本没有相关的研究认证；

4. 煽动情绪，用唯美感人的画面，或讲述温情的故事，让观众产生强烈的情绪，从而与商品产生情感上的链接；

5. 压低别人，用自己的优势对比别人的弱势，忽略自己的不足，甚至捏造证据，给观众以只有自己最好的观感；

6. 区分阶层，尤其是在奢侈品的广告中常见，刻意营造奢侈华美的氛围，加上昂贵的定价，让人把商品和富有阶层的生活绑定起来，利用人们对更好生活的向往，吸引观众购买。"

我环顾四周，立刻就想找一个广告来分析分析，只听妈妈继续说："下次当你看到广告的时候，想一想它用的是哪一种手法，有没有不在这六种套路内的？我们可以一起来丰富和完善这些套路。思考一下，它强调了商品的哪些优点？该商品还有哪些应该提却没有提的重要元素？常用审视的眼光思考和评价广告，你就会对广告越来越有免疫力，同时还能锻炼自己批判思维的能力。

一个商品之所以能成为一个家喻户晓的名牌，需要投入很多钱去打广告。你别看公交车站牌只是一块板，要租下它贴一个月广告也需要十几万，那些电视里一闪而过的广告，黄金时间档更需要几百上千万呢。"

"怎么会这么贵？"这个世界，很多我都搞不懂。

"还记得资源稀缺性吗？广告位越稀缺，租用价格就越高。一个城市的公交站台就几千个，但站台上每天来来往往的客人却非常多，大批有实力的商家都想在这里卖广告，自然价高者得。电视的黄金时间档更是如此，所谓黄金，就是最多人在看电视的时间段，因此也最稀缺，价格就最贵。

那些拥有很多广告的名牌，品质不一定很好，相反有很大一部分成本是花在了广告投入上。因此，通常它们比普通品牌价格更贵。我们掏钱是买自己需要的东西，而不是为商家的广告费买单。"

3. 神奇的小镇

"有一个很有趣的故事。从前，有一个小镇，大家有时都靠着互相借钱过日子。有一天，来了一个外乡人。他走进一家酒店，想找一间房住一晚。他给了酒店老板一张 1000 元的大钞，并让服务员带他去看看房间。这时酒店老板火速拿了这一张 1000 元，去隔壁卖肉的屠夫那里付清了他欠的肉款；屠夫拿到钱后，就去付了养猪人的欠款；养猪人又付了他拖欠的买饲料钱；饲料商付了外地化肥商的化肥欠款；而化肥商就冲到酒店，给酒店老板付了他欠的房钱。这样那 1000 元又回到了酒店老板那里。这个时候，外乡人从楼上下来，说没有一间房令他满意，他取回 1000 元离开了酒店。这一天，没有人生产了什么，也没有人得到了什么，可是镇上人的欠款都付清了，每个人都很开心，也就是说，这个环节里的每个人都赚了 1000 元。"

"哇！好神奇！怎么会这样？"我惊讶道。实在太不可思议了。

"这个故事告诉我们，资金的流动，或者说资金背后的商品或服务的流动非常重要，流动得越快越顺畅，经济就越活跃，人们的生活也就会越好。有时候，生产商品的人只知道埋头生产，并不知道具体需求他们商品的人在哪里；而想要商品的人，也不知道去哪里可以买到这些商品。这个时候，广告就起作用了。在一定程度上，广告帮助我们了解去哪里可以买到我们想要的东西，也帮助商家找到更多需要他们产品的人。"

4. 消费者的四大权利

嗯，有道理。回家的路上妈妈继续说："广告加速了资金在不同人或者商家之间的流动，从而促进了经济的繁荣。还记得我们说的现金流吗？"

"与赚多少钱相比，剩下的钱才更重要。"这个现金流第一法则我可是背得滚瓜烂熟。

妈妈："没错。今天，我告诉你现金流的第二条法则——现金流流速越快，创造财富才能越快。"

我："嗯嗯。现金流越快，创造财富越快。而广告能帮助加快现金流的流动。可是万一我们因为广告的误导，买错了呢？"

妈妈："记住，作为消费者，我们有四大权利：

1. 充分了解商品的权利。在购买任何商品或服务之前，我们有权对商品和服务的方方面面提出疑问，包括价格、产地、生产商、性能、主要成分、有效期限、检验合格证明、使用方法、售后服务以及服务的价格等。当卖家不愿意回答你提出的合理问题，或者不让你仔细检查商品时，你就应该停止购买。

2. 在交易结束前的任何时候，我们都有停止购买的权利。在商店里，别因为自己问了很多，人家服务得很好，而放不下脸面，不好意思拒绝。我们有权根据自己的消费愿望和兴趣爱好，自主选择我们需要的商品和服务，可以买，也可以不买卖家推荐的东西，我们有权选择不光顾任何商铺而不应受到任何不礼貌的对待。刚刚当你受制于销售小姐姐的气场压力时，我带你离开，是不是立刻觉得轻松了很多？"我点点头。

妈妈继续说道："类似这样的情况，立刻离开现场是一个非常好的方法。当销售人员不让你离开的时候，你就要尤其警觉，立刻找他人求助，可以联系警察或家人，态度一定要坚决。"

"还会出现这样的情况呀？好可怕。"这个世界有好多"大灰狼"。

妈妈："所以，为避免危险，尽量去正规的购物商店，不要独自一人或跟不熟的人前往陌生的写字楼或楼上的商铺。

3. 享有售后服务的权利。若发现新买的衣服不合身，消费者可要求退款或退换其他产品。家电坏了可以要求换新的或提供保养服务。因此，每次购物都要索取发票，作为凭证。

4. 当我们在购买或使用商品和服务时受到了伤害，无论是钱财上的还是身体名誉上的损伤，我们都有依法获得赔偿的权利。万一在使用时受到伤害，也可作为求偿的依据。"

我："哈？还会有这样的事？"

妈妈："比如说你要去拔左边的牙，结果医生给你拔了右边。去修眉毛，结果被剃光了眉毛。"

哈哈哈哈。想着妈妈没了眉毛还捂着一边脸的画面，我笑得喘不过气来。

父母偷偷学

看到商场促销的时候，带孩子进去走一走，分辨一下打折和不打折商品之间、真实的商品与广告中的商品之间的区别。

陪孩子一起看广告，讨论广告说了些什么，用了哪一种套路。数一数广告中一共有多少个形容词，一般来说，形容词越多，内容越空洞。

CHAPTER 在包吃包住夏令营里花了 1600 元

　　时光飞逝，一个学年一闪而逝。我小学毕业了。即将升读的中学不知如何，但更让我期盼的，是马上就要开始的悉尼夏令营。我将和其他三个小朋友一起住在当地人家里整整三个星期。这是我第一次住在陌生人家里，还要住这么久。

　　妈妈啰里啰嗦地吩咐：要主动承担家务、早上问早、晚上问好、换洗衣服别乱扔、洗完澡要整理掉地上和下水道口的头发……

　　上一次新加坡夏令营的生活还历历在目。我们住在当地一家中学里，上午学英文，下午到处玩。我们去了博物馆、环球片场、唐人街、水上乐园……晚上，六七个女孩子在宿舍里七嘴八舌聊天，饿了就去自动售卖机买方便面。

1. 控制不住地买买买

说起买方便面，就忍不住要分享一下我在新加坡的消费经历。这是我第一次在一段比较长的时间里完全自己花钱买东西。

当时，妈妈给了我 400 新加坡币零用钱。1 新加坡币相当于 5 元人民币，所以，总共有两千元那么多。因为吃和住都由夏令营包了，所以这笔钱就只是我的零花钱。拿到钱的那一刻，超有当富豪的感觉！太爽了！我第一次拥有这么一大笔钱！平常，妈妈只是每个月给一点点，还要求我必须先存下一笔。

可是，等夏令营结束，到家清点的时候，妈妈的眼神就不好了。我还记得当时的情景：桌上摊着一张 20 元的、三张 10 元的，还有零零散散一些硬币，总共剩下不到 70 元新币（以下价格单位都是新币）。

妈妈问："钱都花哪里啦？"

我摇摇头。天天那么开心，玩玩玩，吃吃吃，买买买，哪里还记得。

妈妈打开行李箱，一件件问："这熊猫玩偶，多少钱啊？"

我："好像 15 块。"

妈妈："这三个钥匙扣呢？"

我："好像每个 2 块。"

妈妈："几颗球怎么回事？"

我："扭蛋机扭的。一块钱扭一次，一次一个球。必中哦！不会像抓公仔机那样抓不到。"

妈妈柳眉倒竖："有扭蛋机扭不到蛋的吗？"

......

我还给妈妈买了对耳环 15 新币，给弟弟买了小汽车 5 新币、水壶

15 新币。当然，我也给自己买了好些玩具。再加上在当地吃吃喝喝，在手上画画印度墨，买三罐泡泡吹一吹 …… 细数下来，还真不少。

抵制不住买买买

我第一反应说："我已经很好了！很多同学买更多，全部都花光了。"看着妈妈严厉的目光，我的声音越来越低，"同学们都买啦 ……"

妈妈让我把买的东西都列出来，然后勾出觉得后悔的东西。

我看着摊在桌上的那些零碎，有一些的确不怎么好玩。如果下次，我肯定不会再买了。

妈妈问："为什么有这么多后悔的？"

我呐呐地："当时觉得很好，现在觉得没什么用了。"

妈妈继续问："买之前要想什么？"

我："想是必需还是想要。如果必需就买，想要就等几天。"

妈妈指着桌上的零碎："那这些是必须还是想要？"

我的声音更低了："想要。"

出发前，妈妈跟我约定，这次花剩的零花钱都归我所有。而且在我的家庭银行账户里，我存多少，她就给我翻一倍。我也信誓旦旦说一定不乱花钱，会根据平常妈妈教的方法去做。可是，到了现实中，完全就不是这么回事。

妈妈："在什么情况下，最容易控制不住买买买啊？"

我："在自己想买，而且大家都在买的时候。"

妈妈："下一次你再独自旅行，打算怎么做啊？"

我："我要克制欲望，想一想以后会不会后悔。"

妈妈："你可以先把想存的钱分开放，把剩下的钱拿去用。最好在出发前做个计划，平均每天花多少，其中，吃零食打算用多少，买礼物用多少，活动费用多少。用的时候，尽量控制在这个范围内。"

我："同学们都买，就我不买，我会被人笑话的。"

妈妈："在你制订的计划内，你可以跟着买一些，不用所有都跟他们一样，把机会留给你特别喜欢的东西。况且别人做什么，不代表你也一定要做。要时常提醒自己，你真正想要的是什么。出去玩，买点小吃、买个玩具，是小事。还有一些，比如其他同学都在嘲笑和辱骂另一个同学，或者大家一起做坏事，还有人鼓动你去做可能会伤害身体的事，比如从高处跳下来比谁更勇敢等。面对这样的事情，你就必须坚持做你自己。明白吗？"

我点头应诺。

后来又说了些什么，我不太记得了。

2. 妈妈的自省报告

有一天，我上网偷偷翻看妈妈的专栏，发现她居然因此写了一篇反省报告。只见她写道：

女儿参加包吃包住的夏令营，只两个星期，就花了1600块钱。平时的理财教育看上去都白费了，结果远不如预期！总结一下，有以下几个不足：

1. 理论多、实践少

　　平日里，有机会我都会教育女儿一番。买东西前，要先想一想这是自己"必需"的还是"想要"的？如果"想要"，就先放一放，过一阵子再看看是不是还想要。买东西要试着货比三家。要计算单位价格等等。

　　平常也有给她零用钱，但出去逛街都跟大人一起，要什么大人买单。真正自己花钱的机会，不过就是在学校里买个鱼蛋，根本没机会锻炼这些技巧。

2. 与家人一起多，单独和朋友们一起少

　　因为孩子还小，不到单独与朋友们外出的时候。平时和朋辈们一起能用钱的地方不过是学校小卖部，诱惑不大。这次去异国他乡，在各个景区兜兜转转，全是新鲜玩意儿。朋友们的影响力就凸显了出来。看到大家都在买，群体压力和购买欲望一下子就盖住了妈妈的教条。

3. 总要体验一次

　　女儿这次买了4个钥匙扣、1个毛绒公仔，玩了4次扭蛋机。这些都是我们平常不让她买的玩的。果真是越缺什么就越在意什么。一到了能自己决定的时候，就立刻先弥补这些缺憾。所以，一味的压制是没有用的。很多时候，无论你反对多少次，告诉她那个其实不好玩、买来了很快当垃圾，都不如她自己去体验一次。让她拥有了一次，发现不过尔尔，下次也就不那么渴求了。

4. 审美需要过程

　　想当年，我自己刚开始去国外旅行的时候。每到一个地方，也都会搜罗回一大堆工艺品。至今，家里的储物箱里，依旧躺着当年买自埃及的纸沙草画、西班牙的骑士盾牌……

只有看过了无数美好，你才会知道如何选择，才知道钥匙扣、毛公仔、扭蛋机都不过是最普通的街边玩意儿。这是成长的必经过程。你不能简单地告诉她哪些是美好的，哪些是低俗的。况且，每个人的审美不同，何必一定要强加自己的审美观给孩子呢？

5. 榜样的力量是无穷的

我平常工作较忙，回家又要照顾孩子们，加之不爱逛街。每当旅行时，都会乘机买些更新换代。因为手头宽松，基本上看上就会买，很少执行自己对她的教育要求。尤其这两年，她跟着我们去欧洲和美国，一路见到的就是买买买。轮到她自己去旅行了，自然也是以父母为榜样。绝对的上梁不正下梁歪。

6. 监察容易，培养自我管理的能力很难

今天，刚好外婆和奶奶都在。看到女儿花了这么多钱，奶奶说："孩子就是这样的啦！"外婆就刚好相反："以后要规定她每次只能买一样。"这就是大多数理财教育的现状：要么纵容，要么就简单粗暴地限制，而不是帮助孩子学会自我管理。

女儿小时候做功课，一边玩一边写。本来半小时就能做完的，可以拖上三四个小时。爸爸很生气，说要在书桌上装个摄像头，盯着她做。身边也有很多全职妈妈，会坐在孩子身边一直陪着他们做作业。我就非常反对这种监察的教育方式。

孩子以后的路需要自己去走。莫非你一直跟在旁边，这不许？那不许？现在你身强力壮，她柔弱无助，只能听你的。有一天你人老力衰，你还管得住吗？再往后，你我都变成一抔黄土，又有谁来监察她、限制她呢？

所以，在他们还弱小的时候，在还没有确立价值观和行为习惯的时候，我们要帮助他们培养自我控制和自我管理的能力。尽管一开始，没有直接限制他们的行为来得有效，尽管他们经常会反弹，有时候气得我直跳脚。但这才是一条正确的路。

要养成一个需要克制欲望的好习惯，对大人来说，尚且不容易，更何况是孩子。我们需要付出更多的耐心和坚持。在这个过程中，和孩子一起探讨失败和成功的经验，多赞赏、少指责，相信总有一天能成功的。

读完这长长的一大篇，觉得做小孩不容易，做小孩的妈妈也不容易，想做一个负责任的妈妈就更不容易了。

这次夏令营，我一定要吸取上一次的教训，努力存钱，控制消费。

父母偷偷学

对应前面几章的知识点，和孩子一起讨论并反省自己、家人在消费管理上的不足。列出至少三项改进计划。当实施过程中，遇到困难时，分析原因，并思考解决方法。

KIDS´

ROAD

TO

WEALTH

高财商 孩子
养成记：
人人都能学会的
理财故事书

艾玛·沈　著
杨舒乔　插画

第三篇 零用钱

CHAPTER 11 没有零用钱的阿东

　　"又输了！"阿东沮丧地放下手机，"武器装备不好，就是打不过！"

　　"那一关，我前天就过啦！"一旁也在埋头大战的家豪得意地说。他头都没抬，手指飞快地在手机上点来点去。

　　"你就好了！有零用钱。"阿东凑过头去，羡慕地看着家豪玩游戏。

　　这是我在学校门口巴士站遇到的一幕。每天放学后，他们俩都会在等巴士时一起玩手机游戏。有时为了继续玩，会错过好几趟巴士。见巴士还没到，我便也凑过去跟他们聊天。

1. 大人的担忧

"你妈为什么不给你零用钱？"我问阿东。

"她老是说：'家里什么都有，你还要花什么钱？'"阿东吊着嗓子，学他妈妈的样子说话，随后，又愤愤道："可怜我午餐家里送，连坐巴士都不用钱。不然，我就可以走回去，把交通费省下来，这样我就有钱了。"我和阿东住同一个小区，学校就在小区里。小区很大，有免费穿梭巴士接学生去小区的不同地方，因此，阿东才有这么一说。

阿东说："你就好了。跟我一样，吃饭交通不用钱，你爸妈却还给你零花。"

"我妈说，花钱的习惯要从小训练。不然，等长大了，就来不及了。"我很骄傲，我妈的思想独特，常常让我在朋友圈里倍有面子。

"真应该让我妈去跟你妈聊聊。"阿东说，"我妈老觉得我小，不懂事，怕我乱花钱乱买东西。她把我过年的红包都收走了，说帮我存着，长大后给我。"

"我妈也是。把我的红包都收走了，说什么'这钱先放我们这里存着。以后我们的钱还不都是留给你的？！'"琪琪不知道从哪儿冒了出来又问我，"你妈就不怕你乱花钱？"

"我妈呀？！……"我挠挠头。我妈什么时候开始给我零用钱的呢？我记不起来了。她怕不怕我乱花钱？我得回去问问她。

2. 什么时候给零用钱，给多少

回到家，妈妈正在后花园修剪树枝。每到春夏交接的时候，院子里的这几棵树就会猛长猛长，很快就没了形状。于是，隔两三个月，妈妈就要修剪一次。

我走到她跟前，问："妈，我是什么时候开始有零用钱的？"

"在你分得清钱的面值、会算加减法、开始问我要钱买东西之后。"妈妈的手没停，继续咔嚓咔嚓剪树枝，地下掉了一地的绿油油的树叶和棕色的枝干。

"所以弟弟现在还没有零用钱？"我拖了张小板凳坐在她身边，继续问。

妈妈停下来，看着我说："通常呢，还没上小学的孩子，对金钱和商品还没什么概念，也很难管理好自己的行为。坊间有些人认为，对孩子的理财教育越早越好，建议三四岁就开始给零用钱。我觉得太早开始效果不大。"

"什么年纪开始比较好呢？"我问。

"每个孩子的认知发展节奏不同，有些早一点，有些晚一点。就像我刚刚说的，要看孩子能不能分得清钱的面值、会不会算加减法。通常，到了七八岁，孩子对金钱和商品的认识会有一个飞跃，在生活中用钱消费的经历也越来越多，这个时候就可以开始尝试了。孩子年纪越小，对自己的掌控能力越弱。一开始可以两三天给一次零用钱，每次小小额。慢慢延长到一周一次、两周一次和一个月一次。

孩子们在自行支配零用钱的过程中，会体会到自由支配的成就感；体验到经过一段时间储蓄，购买到自己喜欢的东西的自豪感；会明白钱不够花的苦恼和期待下一笔钱到来的煎熬，会练习如何对待欲望，如何抚平等待时的焦虑——这都是孩子成长要经历的过程。"

"一次要给多少呢？家豪一天就有 30 块，我一星期才 30 块。"我借机表达我的不满。

"零花钱的多少没有定额，主要根据你一星期的消费预算来定。比如日常必需开支有多少？有没有交通费、购买学习用品的费用？娱乐开支有多少？预留一定额度，给孩子买点零食和小玩具。孩子小的时候，衣食住行都由父母支付，只需要给小量金钱。随着慢慢长大，对自己的掌控能力日益提高，可以给多一些自由度。等到孩子 9～10 岁了，对金钱有一定的掌控能力了，可以在日常开支和娱乐开支以外，额外再多一点，以便为存钱创造可能性。家豪每天有 30 元，他每天的必需开支有多少啊？"

我想了想，"他要买早饭，来回的巴士费，还要买手机游戏道具。"

"手机游戏道具可不是必需开支，是娱乐开支。这么说来，30 元也不多呀。一天来回车费就要至少 15 元了。"

3. 修剪树型

"妈，你就不担心我乱花吗？阿东妈妈怕他乱花钱，一分钱也不给他。琪琪也没有零花钱，不过她经常给我们从深圳代购东西，还能赚钱呢。"

"咦。琪琪很有商业天赋哦。

说罢，咔嚓一声，妈妈剪掉了细叶榕冒出头的一根小指粗的树枝。

她退后几步，站定看了看，满意地点点头，接着说："这树啊，就得经常剪。这样，每次只要花小小力，就能恢复美好的形状。随着它从小树苗一路长到大树，形状都能控制在你想要的范围内。如果买回来后，一直不剪，隔上几年，就会长得面目全非。你要重新剪回当初的样子，就非常困难，一来要花很多倍的努力，二来也找不回原来的模型了，非得找专业的园艺师不可，不然很容易就剪坏了。

修剪树型

人也一样。很多孩子被父母保护得太好，生活在真空的环境里。衣食住行都由父母负担，完全不知道生活的辛苦，纯粹自由生长。跟这个树一样，哪边阳光多，哪边就长得茂盛。长大后，突然要自己承担生活费了，就可能变得束手无策。那时候，习惯已经长成，就像那多出来的树枝，已经非常粗壮了，要剪掉很难，说不定还要用大的锯子来用蛮力才能把它锯掉。

零用钱，是一个很好的工具，可以让孩子从小锻炼如何管理和支配金钱。那些不良理财习惯，就像这些伸出来的树枝一样，当它刚刚伸出来，还没有粗壮之前，我们就把它们修理掉。

不仅如此，给零花钱，还有一个好处——可以减少亲子摩擦。

孩子没有零花钱，想要什么就要问爸妈要。如果爸妈每次都同意购买，就会给孩子一个美好的误会——只要他们想要，父母就会源源不断地给。或者只要撒一下娇，要不就大闹一场，父母也就会给了。

如果爸妈常常不同意购买，等到孩子看到妈妈又买了双新鞋，爸爸又买了套球衣的时候，就会产生不公平感。尽管爸妈花自己赚来的钱天经地义，但孩子们可不会这么想，他们只会觉得爸妈对自己太过小气严苛，从而影响亲子感情。"

我点头："是的呢。常常听到同学们抱怨爸妈好小气，这不肯，那不肯的。"

4. 这是"我自己的钱"

妈妈说："很多大人会觉得，我的钱以后都是孩子的。既然如此，现在，孩子不懂花钱，他们的钱也应该是我的。"

"没错，没错。琪琪的妈妈就是这么说的。她爸妈还把她的过年红包都收走了呢。阿东妈妈也是。"每次在这样的时候，我就觉得还是自己的妈妈最好了。

妈妈说："其实吧。人天生有占有欲。当一个东西是'他自己的'时，他天然会产生一种维护它、保护它的责任感。"

"你小时候，每次要买什么玩具。只要我说'用你的零花钱买吧'，你就立刻闭口不提。这就是你维护自己零花钱的表现。这是人的天性。"

妈妈说："确定钱的归属权，是管理财富的基础。要让孩子明白他们手上的钱是谁的：父母的钱属于父母，不能拿来随便用；属于他自己的，才是他能处理的。储蓄罐里的钱，都是他辛苦攒下来的，他自己的财产，他就会很爱惜了。"

我："记得有一次，我把 20 块钱随便塞，后来不见了。心痛了我好久。从此以后，我每次都把钱好好地放好了。"

妈妈："孩子对钱有了'主权'意识，接着我们才能教他们怎么用他们'自己的钱'。所有工具都一样，你用得好，对你会有很大助益；用得不好，就会带来伤害。零用钱，也是如此，你不能随便扔给孩子，让他们自己去使，还要指导和监督他们怎么去用。"

回到学校，我把妈妈的修剪树枝理论讲给了同学们听，还告诉他们钱是有主权的。他们纷纷表示要回家跟父母理论一番。

父母偷偷学

桌上放一张钱，问孩子钱是谁的？鼓励他们去求证这笔钱的归属。在求证的过程中，让孩子明白，钱不是自己的就无权去动用，连大人也是这样。

反思孩子有没有满足可以拥有零用钱的条件？零用钱的金额是否足够？并观察孩子的使用情况。当发现孩子使用不当时，不要训斥，与孩子谈一谈，如何改进。

彤彤做家务、考试得 A 就能有额外零用钱

　　"嘿！真要好好谢谢你！"一日，在校园里走，突然有人在背后拍我一下。转头一看，原来是家豪。

　　家豪眉飞色舞，咧着嘴边笑边说道："上次听了你妈的剪树枝理论，回家跟我爸一说，他觉得很有道理。不仅给我增加了娱乐开支，还多给了点钱让我存起来。以后还是要常跟你妈聊聊。哈哈哈。"

　　说完，家豪又一阵风一样走了。

　　能够影响到其他人，这种感觉实在太棒了！

　　回到教室，看到家豪正在跟阿东说话，手舞足蹈的。老远就听到他的说话声："你也不错嘛！终于有收入了，尽管跟我还不能比。"

　　阿东也是一脸喜气："我昨天就买了装备，过关啦！我可是连续打了一个星期都没过的了关呢！没装备，就是不行。"

　　"嗨！"我叹口气。所以，妈妈说的对，零花钱光给可不行，还要监察和指导。不然，像阿东和家豪这样，全贡献给游戏公司了。

1. 穷养 or 富养

因为两人说话很大声，慢慢围笼了一群人。琪琪满脸沮丧说："我妈就完全没有动摇。她说，来回学校都是坐校车，出门就跟爸妈在一起，根本没有单独用钱的机会。关键是，她觉得我肯定会乱花，不想我养成大手大脚的习惯。"

"我妈刚好相反。"阿媛得意道，"她说，女孩子要富养。小时候，吃好的穿好的用好的，长大以后，就不会因为一点点小东西，就给人骗走了。"

"我妈也常说：男孩要穷养，女孩要富养。"嘉恩应和道。

"为什么男孩要穷养？"我问。

琪琪说："因为男孩要承担更大的责任，以后要养老婆养孩子，要能吃苦才行。"

"女孩难道就不用养家了吗？"我疑惑，在我家，爸妈一起赚钱养家，没觉得男和女有多大分别呀。

"就是！就是！凭什么养家的责任都推在我们男孩身上？！"家豪嚷嚷着。

回到家，跟妈妈说起穷养和富养的话题，妈妈说："在国内，理财教育一直没有受到足够地重视。近年来，才有越来越多的成年人发现了理财学习的重要性。但儿童理财教育方面，依旧非常欠缺。坊间有一些短期的儿童理财课，不过是概念性的介绍或游戏式的体验。热闹过一场，也就算了。原来怎样，之后还是怎样。尤其缺少指导父母们如何去培养孩子理财观念的内容。

最广为人知的理财育儿理念就是：'穷养儿、富养女'。也即：对男孩，要让他多吃苦，别太惯，不要给他太享受，以后才能自立自强，承担更多责任；对女孩子，则要多给她见见世面，开阔眼界，培养气质，之后才能见多识广，不容易被浮世的繁华和虚荣所诱惑，独立有主见、有智慧。

何为穷养？何为富养？每个家庭的经济状况不同，穷富的标准就不同。一个贫穷家庭，虽然生活窘迫，但其乐融融，父母乐观开朗。一个富有家庭，可以极尽奢华，家人却常为财产的归属而争吵不休。两个家庭成长出来的孩子，到底谁会更幸福？再说，这'幸福'的含义到底是什么？

生活是复杂的，变量太多。一个人成长十几年，无数的经历和细节，都能改变一个人的逻辑与思维方式，最后综合形成独立的人格。

从理财观念的培养来说，每个家庭应该根据自己家庭的情况量入为出，帮助孩子养成适合自己家庭的理财习惯，而不应一味跟风比较。如今这个社会，在'再穷不能穷教育，再苦不能苦孩子'的口号下，富人家的孩子当富二代养，穷人家的也在当富二代养。大人可以啃干粮、着粗布，孩子就各个都是金疙瘩，受不得委屈，吃不得苦。孩子长大后，还继续依赖父母，无法成为一个独立的个体。我希望，未来，你和你弟弟，在没有我们的帮助下，至少能养活自己。以后的盈利能力难以估计，如今便只能先从养成良好的消费和储蓄习惯开始。"

2. 孩子才是真正的空杯

"培养良好的消费和储蓄习惯？就要靠零用钱开始训练起，对吗？"我说。

"没错，零用钱是一个很好的工具。"妈妈点头。

"可惜，听了你的剪树枝理论，只有阿东和家豪的爸妈才有所改变，其他人还是坚持走自己的路。"对于剪树枝理论只影响到了两个家庭，我有些不太满意。

空杯心态

　　成年人大多都有自己的认知和习惯。像这个杯子一样，里面已经有水了，有的有半杯，有的是大半杯，有的已经满了。他们很难再接受新的想法和习惯。他们看上去在听，却不接受与自己看法不一致的观点。他们的心门已经关上了。想要接受新内容，必须先把心中已有的成见倒空。能做到这点，并不容易。所以，我们才说，理财的观念和习惯要从小培养，因为只有孩子，才是真正的空杯子。在一张白纸上画画，比在一幅画上改，要容易得多，效果也显著得多。"

　　"空杯？白纸？"我念叨着。

　　那个晚上，我做了个梦。梦到妈妈给我倒牛奶，一直倒，一直倒。奶汩汩地流了一地，滚烫滚烫的，把我浮了起来。耳边有人说："尿尿，尿尿"。我翻了个身，正打算继续睡去。突然想起昨晚弟弟赖着跟我睡。我猛地坐起来，一摸床单，果然如此，他尿床了！我不禁悲鸣一声。

3. 给零用钱要不要带条件

零用钱的话题，继续发酵中。彤彤说，她不仅一早就有了零用钱，她妈还对她有一系列的奖惩措施。考试考得好、主动做家务，就有额外零用钱奖励。考得不好、不做家务，自然也就会被扣除。

"我妈每次要我做什么，就会祭出零用钱法宝。一天到晚就听她喊：'要是你不马上把你的房间收拾好，下周的零花钱就没有啦！''这次考试进全班前三，就奖你一百块！'"彤彤得意地继续说，"我也经常跟她讨价还价：'给我一块钱，我就把垃圾袋提到楼下'。所以，我现在已经有不小的一笔钱啦！"

这就是妈妈说的"给零用钱时，还要进行监察和指导"吗？

妈妈对此的回答却很是模棱两可："嗯……不用条件就给零用钱有不用条件的优缺点，有条件才给零用钱，有有条件的优缺点。"

"什么？"我摆出一张问号脸，"绕口令吗？"

妈妈笑着解释："不用附加条件就给零用钱，好处是孩子没有钱的烦恼，对家庭会更加信任和感到安全，坏处是不劳而获，可能养成娇生惯养，缺乏历练的个性。

满足条件才能给与零用钱的话，好处是可以灌输'付出才有收获'的理念，引导孩子向自己希望的方向成长，跟企业的 KPI 绩效考核原理一致。可以训练孩子的劳动能力，培养独立自主的精神。由于钱来之不易，孩子通常会更加节约不浪费。缺点是可能会导致锱铢必较的个性，丧失对家庭的爱心和责任感，影响亲子关系。"

"到底要不要附加条件呢？"我还是没明白，两边优缺点似乎差不多。

	无条件给零用钱	有条件给零用钱
条件	不需要特别付出	必须以劳力或其他方式来换取
优点	孩子没有钱的烦恼，对家庭有信任感和安全感	灌输"付出才有收获"的理念，引导孩子向自己希望的方向成长，训练孩子的劳动能力，培养独立自主的精神，养成节约不浪费的习惯
缺点	可能会形成不劳而获的概念，视父母为金库。可能会娇生惯养，缺乏历练	按件计酬，过于商业化，可能会导致锱铢必较的现实个性，丧失对家庭的爱心和责任感，影响亲子关系

无条件和有条件给零用钱的优缺点对比

"所有事情都不是非黑即白。这世界上没有完美的事。同一件事，一定有其缺点，也一定能找到优点。我们要扬长避短，试着去发挥它的优点，同时努力降低或用其他方法来中和它的缺点。"

"比如说？"我问。

"比如零用钱，你可以无条件给一部分零用钱。就像在公司老板会给员工底薪，这样员工能够有一定的安全感。同时，为了降低无条件给零用钱的缺点，不让孩子有不劳而获的感觉，可以对某些事情进行奖励。让孩子通过付出努力，而获取更多。就像很多公司会用奖金或业绩提成来奖励做得好的员工。但同时，我们要降低'过于锱铢必较，影响亲子关系'的副作用，所以，我们要设定好哪一些事情才参与奖励。"

"怎么设定呢？"我问。

"作为学生，考到好成绩是个人义务。任何人不应该因为完成自身义务而得到报酬。基于金钱刺激产生的学习动力，比基于兴趣和责任产生的动力，要短暂且薄弱得多。将零花钱和孩子的学习成绩挂钩，很容易增加孩子的投机欲。那些调皮捣蛋的孩子，用作弊或谎报成绩的方式来获得'奖金'的现象屡见不鲜。

家务也分义务和杂务，只有后者才可以得到报酬。力所能及的家务，是每个家庭成员应尽的责任，不应用作奖励。但是，给衣柜换季、安装柜子、修理电脑等比较复杂且临时性的杂务，可以适当与奖励挂钩，鼓励孩子接受挑战，承担难度更高的工作，手头更宽裕。如果有不同年龄的孩子同时参加，年长的孩子可以因为承担复杂度更高的工作而接受更高的奖励。

家长也不应该用罚钱的形式来惩罚孩子的错误行为，否则会让孩子误以为可以用钱赎罪，长大以后便会以为钱可以解决所有问题。"

"爸爸就常常这么威胁我。"我忿忿不平。

4. 零花钱，别与爱挂钩

妈妈哈哈一笑说："家庭成员要达成一致，保证规则的统一，并且让孩子只能从一个渠道得到零花钱。这样才能控制零花钱的发放。"

听到这里，我的眉梢不禁抖了抖。外公最喜欢偷偷给我塞零花钱了。正偷乐着，忽听妈妈说："是不是外公常常给你零花钱？"

"呃……你怎么知道？"

妈妈哈哈一笑，说："因为我小时候，你外公就喜欢给我偷偷塞零用钱。"她对我挤挤眼睛，继续说："很多祖父母为了显示自己对孩子的爱比别人更多，就喜欢用零花钱来收买人心。为争夺在孩子心目中的地位，有些祖父母甚至会跟外祖父母们在数额上互相攀比。"

"零花钱不应该跟爱联系在一起。有些父母因为平时工作繁忙，没时间陪孩子，也会用高额零用钱来补偿，这是很短视的行为。你现在用钱来买和孩子一起玩的时间，等到你老了，想孩子多回家看看你，孩子也会说'已经给你家用了，没时间陪你吃饭也可以啦'。这就是种什么树结什么果啦。

父母应该向孩子解释为什么自己这么忙，让孩子明白自己正在为家庭的幸福而努力，而不是丢下家庭不管。带孩子参观一下你工作的环境，跟他们解释你的工作内容，告诉他们家庭有哪些开支，需要你们通过赚钱来应付。孩子们会因此而更加尊重父母，日后再让父母买这买那，也会有所顾虑。孩子都是讲道理的。"

父母偷偷学

做一份适合你家庭的零用钱奖励计划，并任命一个人为唯一的零花钱发放人员。

　　这几天，我总觉得漏了什么。想了许久，终于记起来，我原本是要问妈妈怕不怕我乱花钱的。结果那天她讲了什么剪树枝理论，忽悠了半天，讲了一堆大道理，我还是不知道她到底是不是和其他妈妈一样担心。回到家，弟弟在客厅里跑来跑去，嘴里哇哇乱叫。妈妈坐在沙发上刷手机，我就直截了当地问她："妈，你给我钱，不怕我乱花吗？"

1. 零花钱的约法三章

"还记得曾经跟你零花钱约法三章吗？"妈妈问。

"哦！是哦。"那是好几年前的约定了。因为一直照做，我都快忘记有约法三章这回事儿了。所谓"约法三章"，就是：

第一，不买有害的东西。毒品、烟酒、色情刊物那些当然是非常非常有害的啦。还有一些不健康和不安全的东西都在此列，要具体情况具体分析。垃圾食品可以买一点点，但不能多。

第二，所有属于"想要"的物品，都必须自己付钱。一般来说，日常生活的必需品，爸妈都会买。如果缺了，告诉爸妈，爸妈也会支付。但是，如果是看到玩具、纪念品、零食，想买，就得自己掏钱啦。爸妈自己主动给我们买的玩具衣服纪念品不包含在内。

第三，超过 200 元的消费，要先跟爸妈商量。

约法三章

| 第一条 | 不买有害的东西 |

| 第二条 | 所有"想要"，自己付钱 |

| 第三条 | 超过200元，先跟爸妈商量 |

约法三章

妈妈说："就像我之前说的，零用钱不能简单地给了就行了，还要监督和指导孩子使用。约法三章就属于指导的部分，要跟孩子约定好零用钱使用的范围，不能为了培养孩子理财能力，而让孩子做了危害自己的事情。

因此，第一条便设定为'不要买有害的东西'。孩子还不成熟，判断并不一定正确。但起码在这个过程中，孩子会去思考什么是对自己有害的，什么是对自己有利的。

第二条，所有'想要'，自己付钱。之所以留个口子，父母主动买的不包含在内，主要是因为生活中的确会遇到很多特别的、有纪念价值的，或寓教于乐的好东西，值得我们去购买。不想规定得太死，让孩子错失很多美好的记忆或学习的机会。规定得太死，不利于执行。如果大家做不到，规矩就会作废。

第三条，超过 200 元，要跟爸妈商量。孩子购物经验不足，常常会做出错误判断。大额支出，容易让孩子入不敷出，出现财政短缺。父母可以借此指导孩子理性消费，或为大额支出进行提前储蓄。

在发放零用钱之初，就应该和孩子约定好遵守零用钱的规则。孩子如果违反了规则，可以暂时取消零用钱的发放。如果孩子能遵守规则，相应的，父母也应该遵守让孩子自由支配的约定。如果管得太严，孩子买什么仍旧要听爸妈的，就失去了利用零花钱来培养理财能力的意义。就算孩子做了错误的决定，也不要斥责。每个人的成长都需要过程，走弯路是积累经验的必经之路。理性和冷静地与孩子交流，为什么做错了，以后如何避免，才是更好的方法。"

2. 延迟消费

"还有要'延迟消费'。"我踊跃补充。

"嗯。这是进阶要求。"妈妈说，"'延迟消费'不是不消费，只是暂时延迟消费的时间，不会太影响生活的质量，所以，很容易让大家接受并做到。"

"是的。当我想买一样东西的时候，如果这不是'必须'，而是'想要'，就先等一等，过两个星期再看看，是不是还想要。如果还想要，在预算内，就可以买。不在预算内，就存到钱再买。"我补充着。

"你们还小，很难坚持太久，所以，等两个星期是比较容易实现的。这条规则，对大人同样有用，不过大人的等待期要拉得更长一些，比如两个月或半年。延迟消费之所以有效，基于三个原理：

首先，人心易变。在此刻，你特别想要的东西，过了一段时间，情绪过去了，也许就不想再买了。

其次，时尚类和科技类产品，新款总比旧款更贵。那些喜欢尝鲜、耐不住性子的时尚人士，为了比其他人领先一步拥有新产品，往往愿意支付更高的价格。而当产品面世一段时间后，随着市场逐渐饱和，商家会把价格逐步下调，以吸引更多的顾客。理性消费者，往往会等到第一批试用者过后才入场，这样就能以优惠的价格享受同样的产品。很多产品早两个月晚两个月购买，基本上没什么影响，却能节约下不少资金。

第三，资金是有时间成本的。当你了解了钱生钱的方法后，你就会知道同一笔钱，早两个月给和晚两个月给会有不小的差异。尤其是购买价格昂贵的奢饰品，如汽车、珠宝、名表、大牌订制服装等。对于手头还不宽裕的年轻人，把这些用于购买奢侈品的钱集中优势去投资，能获得更大的回报。奢侈品仅仅给你带来面子上的骄傲和内心的愉悦，却对未来没什么大的帮助。何不先用这笔钱投资，然后再用投资赚到的收益去购买，这样本金也没有损失，也照样买到了自己想要的东西，只不过是需要你等一会儿。"

"有好几次就是这样，隔了一个星期，我就觉得不再想要买了。"我点头。

"还记得我跟你说的'摩卡因素'效应吗？"妈妈问。

我一脸迷糊，摇摇头："这些新鲜词汇太多啦，听过就忘记了。"

妈妈提示道："就是一对美国老夫妻，每人每天喝一杯摩卡咖啡。"

我："哦哦哦。我记得。记得。就是说生活中很多看上去不起眼的小习惯，如果频率很高，时间一久，加起来的费用就特别高。"

妈妈："是的。就像钱袋子上的一个小洞，小小的不起眼，不知不觉就把袋子里的钱漏光啦。我们要做的是找到习惯中的那些小洞，在不过分影响生活品质的前提下，适当降低频率。而延迟消费，就是降低频率的一个有效的方法。"

我："延迟消费，还是挺简单的。"

妈妈："那可不一定。这种延迟满足的能力，一部分是天生的，其次才是后天培养。"

我："天生的？"

3. 棉花糖实验

妈妈解释道："斯坦福大学的一位心理学家曾经做过一个著名的棉花糖实验。他把一群 4 岁左右的孩子召集在一起，给他们每人一颗棉花糖。告诉他们，如果马上吃掉这颗棉花糖，20 分钟以后，就什么也不会再有。但是，如果不吃，等 20 分钟以后，他就再会给他们一颗。"

"20 分钟很快的，肯定要等啊。"我不假思索地说道。

妈妈："结果自然是有的孩子迫不可待，拿到糖就吃了。也有一些用各种方法克制自己的欲望，比如唱歌、假装睡觉、自言自语，最后多拿到了一颗糖。"

妈妈："心理学家跟踪观察那些孩子，发现当初能够忍耐的孩子，长大后考试成绩更高，他们能够为了更远大的目标而牺牲当前的享受。而当初急于吃糖的孩子，考试成绩相对较低，他们常常无法控制自己，一定要先满足愿望，才能安心学习。"

我："也就是说能够延迟满足的人，未来越容易成功？"

妈妈："也不一定。考试分数的高低与未来成功与否并不对等。但是，一个人的情商包含两个重要的因素——价值判断和自我克制能力，也即判断出什么事情对自己有利，以及能够为长远目标抵御住诱惑的能力。影响一个人未来能否成功，智商很重要，情商更重要。延迟满足，就是自我克制能力的体现，是意志力的一部分。这种能力影响人的一生，自制力越强的人，以后学习和工作的效率就越高，也越能应付挫折和压力。

我们努力读书，天天辛苦做功课，就是为了以后踏入社会有个更高的起点、更多的选择。这是延迟满足。

还记得我跟你画的草帽曲线和鸭舌帽曲线吗？为了退休后有更好的生活，在短暂的工作年限里，我们要控制消费，把收入存起来，去购买可以产生被动收入的资产。这也是延迟满足。

如果没有延迟满足的能力，每当遇到诱惑，就及时行乐，停止学习或者停止对资产的投资，最终只会一事无成。"

"4岁孩子的实验，也不能代表自制力是天生的呀。可能是在家被宠坏了。"比如弟弟，我心里默默补了一句。

延迟满足

妈妈："另外有一批哥伦比亚大学的学者也做了类似的实验，这次实验对象换成了 19 个月左右的婴儿。当他们被人从妈妈身边抱走的时候，看看他们的反应如何。立刻哇哇大哭的孩子 5 岁多时更容易立刻吃下棉花糖。而另外一些可以通过玩玩具来转移注意力的孩子，5 岁时也能更长时间忍耐。所以，不排除与基因有关。"

我："那怎么办？能训练吗？"

妈妈："哥伦比亚大学的学者们认为，先天因素和后天培养同样重要，增加忍耐力的诀窍就是'转移注意力'。当你特别想买东西的时候，走开，去做其他不相关的事情，和朋友们一起玩，看电影读小说，把'想要'的情绪暂时忘记，你就能坚持更久时间。"

我："嗯。下次我忍不住的时候，试一试。"

妈妈："他们也发现贫穷人家的孩子受到棉花糖的诱惑更大。"

我："那是自然的呀。平时都没机会吃，自然特别想吃。"

妈妈："所以说，要想延迟满足，前提是'先被满足'。富养的理念，在一定程度上，也是有道理的。如果孩子们从来没被满足过，他们的欲望只会被放大，一旦拥有了购买能力，反而更会乱花钱。

父母偷偷学

和孩子讨论并制定出属于你们自己的零用钱使用规则，并开始有意识地培养延迟满足能力。

第四篇 储蓄

　　"你存那么多钱，又不买东西。存来干嘛？"阿东最近尝到了零用钱的甜头，却也越发觉得手头紧。手游过得关越多，装备越贵。

　　家豪说："我妈也是，来来去去就几句。'现在存多一块，以后就少辛苦一块。''年轻时存多点，老了有钱花。'我连长大后什么样子都不知道，还想着为退休存钱？！不是搞笑嘛！说不定，我会创办一家游戏独角兽公司，上市敲钟，身价百亿，还用愁什么退休呀！"

　　"太好了！到那一天，你就送给我最顶级的游戏装备，我要一路杀到底，把其他玩家打到趴下。"阿东憧憬道。

　　这么一说，好像家豪真的已经成功了似的。至于一开始的话题——我为什么会热衷于存钱的问题，大家也都已经忘记了。

　　我为什么会喜欢存钱？自然是存钱能给我带来实实在在的好处呀。

1. 心·愿储蓄罐

不记得我什么时候开始存钱了，也许是小学一年级。

有一天，妈妈送给了我 3 个储蓄罐，（1）可以随时取用的零用钱罐、（2）可以随时取用的心愿罐、（3）除了打烂无法取出的梦想罐。

妈妈说，每个人都应该有三个存钱目标：短期、中期、长期。这三个储钱罐就对应着这三个目标：短期零用钱罐应付每日的支出，心愿罐是满足需要等一两个星期或几个月的中期目标，至于梦想罐自然是为那些需要积累很久的长期目标而准备的。

妈妈给零用钱的时候，就要求我每次把钱分成三份，放在不同的储蓄罐里。她并没有规定每个储蓄罐要存多少，但是不同的储钱罐，有不同的奖励计划。

妈妈建议我每次集中完成一个心愿，最好是活动型的心愿。如果是全家出游的活动，其他人的不用我管，我只要负责自己的门票就行。我存多少钱，她就会按照 1 ∶ 2 的比例补助我。如果心愿是买东西，那么就没有补助了。

我们会一起制作一张心愿储蓄卡，并贴在心愿罐上。妈妈说，这叫"制订储蓄预算"，和市面上的"分期贷款"类似，把一样贵重的物品，用分期方式把价钱拆成一小份一小份，这样，每一小份就比较便宜，很容易就可以负担了。和"分期贷款"要支付利息不同，"储蓄预算"反而会收到利息。

妈妈说，现在很多人喜欢用信用卡"先消费后存钱"，这是欠债消费的坏习惯。信用卡在一段时间内看似不用付利息，实际上这笔利息是卖家帮忙出了。羊毛出在羊身上，最后还是通过提高商品价格转嫁到了我们买家头上。更重要的是，欠债消费容易让人过上本身负担不起的生活，慢慢沉迷其中，花了更多的钱。

在心愿储蓄卡上，我会填上储蓄的目的、父母和我分别承担的金额、希望获得的时间，然后和爸妈一起计算出每天大概要存多少钱。如果每天的金额太大，很难实现，我们会讨论是不是换个目标或拉长目标时间。

我想去玩迪士尼乐园，一张乐园门票600元。这是活动类目标，爸妈会负担2/3。我只需要负担我自己门票的1/3，即200元。我想在一个半月后去玩，那么，我现在开始就要每天存4元。最后结果：我提前完成了目标。哈哈！因为外公又偷偷资助了我一笔。这可是秘密。千万别告诉我妈。

心愿储蓄卡	
储蓄目的	去迪士尼
所需金额	600
父母补充	400
自己储蓄	200
距离达成日的天数	45
每日所需金额	4
开始储蓄日期	2018年6月20日
预计达成目的日期	2018年8月3日
真正达成目的日期	2018年7月29日

心愿储蓄卡

2. 梦想储蓄罐

梦想罐是为了让我能早早树立一个长远的目标，并为这个目标存钱。妈妈说，尽管存的这些钱完全是杯水车薪，但有助于养成为长期目标储蓄的好习惯。

我实在想不出来有什么梦想，妈妈就建议我为之后去外国读书存钱，美其名曰"教育基金"。这并不意味着真的由我自己独立支付学费。妈妈说，只是让我明白我有责任负担自己的学费。

我们一起算了一下去美国和英国读书所需要的金额，并由我来承担总金额的5%。

我们上网查了一下美国和英国读书的总费用，预计每年会有5%的增幅。然后把总费用除以10年（预计十年后出国读书），再除以12月，得出每月平均所需的储蓄的金额。而我所需要存的，就是这笔金额的5%。哇！好大一笔！

国家	美国 （四年制）	英国 （三年制）
现在的费用	80万	40万
假设每年的增幅	5%	5%

距离升学年期	美国			英国		
	未来费用	每月所需储蓄	孩子承担费用	未来费用	每月所需储蓄	孩子承担费用
5	1,021,025.25	16,166.23	850.85	510,512.63	8,083.12	425.43
10	1,303,115.70	10,316.33	542.96	651,557.85	5,158.17	271.48
15	1,663,142.54	8,777.70	461.98	831,571.27	4,388.85	230.99

教育基金的计算

当然，"梦想"概念完全无法吸引我，吸引我不断往里面投钱的是妈妈设置的奖励条件。妈妈说，等我大学毕业，我在梦想钱罐里存下多少，就给我十倍的金额，作为我闯荡世界、追逐梦想的本金。也就是说，我存下一万，她就给我十万。存下十万，就能有 100 万。哇哈哈哈！百万富翁的梦想就这么实现了！

一二年级时，我的零用钱很少。因为上学步行可达，吃饭家里送，放学就回家，没什么需要消费的。所以，每天只给我 1 元，后来加到每天 2 元。不过，那时候如果和大人一起出去逛街，妈妈每次额外会给 20 元，让我自己选择想买的，或者存起来。

到了四年级，零用钱就多起来。但，妈妈取消了出门逛街 20 元的奖励，要我自己支付想要的物品。

很快，我的梦想钱罐就满了，妈妈改用一本漂亮的"梦想账本"记账，现金就她自己收走。现在，我已经存了 3 万多块了！也就是说，等我 25 岁，已经能拿 30 多万了！

我的诀窍是存下意外之财。

3. 意外之财

常听说有人中了几千万彩票，十几年后又变穷光蛋。那是因为他们没有处理大笔意外之财的经验。突然天上掉下一笔钱，忍不住买豪宅、买游艇、买好车，胡花乱花。我就不一样。我从小就被各种大额红包诱惑着。

每年春节、生日，长辈们都会给红包。

还有就是学校奖学金。学校会给成绩好的学生奖励书店现金券。我就会跟妈妈换成现金。用来买书？书，可是与学习相关的，是"必需"，自然让大人买单啦。有一年，因为我表演音乐剧连续获奖而拿到了一笔 4000 块港币的奖学金。巨款呀！

爸妈建议我用 30/70 法则来处理这些意外之财——意外收入的 70% 存起来，30% 可以自己处理。因为这些钱都是预算之外的，如果没有，也不会影响日常生活。这条法则也同样适用于加薪后，如果生活本身没有太多改变，就可以把增加的收入按 30/70 法则存起来。

妈妈说，很多高收入人士依然有严重的财务问题，就是因为他们在收入增加的同时，支出也随之增加，甚至有些人的支出增幅远大于收入增幅。既然已经习惯了之前的收入水平，把增加的 70% 存下来，只使用增加的 30%，对生活影响不大。除非生活有大的变化，比如结婚生孩子，家人生病等。

剩下的 30%，我可以自行支配，前提是我必须先把处理的方案跟妈妈报备，征得她的首肯，不能把太多的钱用在"想要"的项目，一下子全部花光。妈妈说，这样可以训练我每得到一笔意外之财就会习惯性地先做预算。

不过，这对我来说根本不是问题。因为我的处理方式就是全部存起来。存下来，可是有十倍的回报呀！反正我现在也够钱花。实在不够，就给爸妈打工呗。

所以，彩票大奖快来吧。我会好好珍惜你的。

4. 储蓄的意义

尽管我的储蓄行为纯粹是受到了奖励机制所吸引，我还是非常明白储蓄的目的是什么。小时候，妈妈跟我讲过一个故事。

从前，有个小媳妇，每次煮饭时，都会从米勺子里抓一把米，放在另一个缸里。而这缸里的米，她却从来不用。家人不明白她为何这么做，她说，这是以备不时之需。邻居们也都在背后偷偷嘲笑她，说她多此一举，哪里会有什么不测？后来，发生了一场百年未遇的大旱灾，田里的庄稼颗粒无收，很多人饿死了。这家人却靠着这满满的一缸米度过了难关。天有不测风云。未来的路会怎样，谁也不知道。多留一手，就会有多一份的把握，这就是储蓄的意义。

妈妈还跟我讲过草帽理论，大部分人能够获得收入的时间只有短短三四十年，人的一辈子却可能有八九十年。以后医学发达，说不定我还能活到一百岁呢。尽管退休对现在的我来说遥遥无期，但早点开始存钱，有益无害。况且，我平常的生活也挺好，并没有觉得辛苦。

5. 我想学尤克里里

一日，路过小区商场里的乐器铺，看到橱窗里摆着娇小可爱的粉红色尤克里里（夏威夷小吉他）。最近嘉恩也在学，她告诉我，尤克里里很简单，很快就能弹上一首曲子。

我："妈妈，我想学尤克里里。"

妈妈："上次你说想学钢琴，可是很快就放弃了。"

我："这次不一样！我会坚持下去的。"

妈妈："你怎么知道这次不一样？"

我："尤克里里很容易学，钢琴太难了。"

妈妈："真的？"

我："真的！"

妈妈："要不，学费咱们一人一半？"

我："哈！"

回到学校，我拜托嘉恩把尤克里里带来学校给我试一试，又仔细问了嘉恩学习的过程、兴趣班的费用。

隔了些天，当我再一次经过乐器铺，看到那粉色的小吉他仿佛在朝我招手后，回到家，我咬咬牙，对妈妈说："学会尤克里里，学费有没有返还的？"

妈妈正在喝咖啡，听了差点把咖啡都喷出来："你现在是越来越精明了呢。学会尤克里里，很难界定呢。要不坚持学完一年，就返还上一年学费，下一年继续学，就继续一人一半，直到再次学满一年？"

我："成交！"

妈妈："有奖自然有罚。如果你没学满一年，就放弃了呢？就把我帮你交的一半学费赔偿给我吧。"

我要学尤克里里啦

父母偷偷学

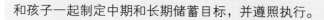

和孩子一起制定中期和长期储蓄目标，并遵照执行。

CHAPTER 15

坚持下去，时间会给你惊喜

有一天，妈妈突发善心："你存了那么多钱，我给你奖励好不好？"

"好呀！好呀！" 太意外了，这是天上掉馅饼呢。

妈妈举起两根手指："有两个选择。选择一，我现在给你 100 块。选择二，今天先拿 1 分，明天拿 2 分，每天零用钱都比昨天多一倍。你要哪一个？"

想了想，我答道："我选第二个。"

妈妈："为什么？"

我："因为第一个就只有 100 块。第二个，总有一天超过 100 块。"

妈妈："你觉得需要多少天？"

我摇头："不知道。不会算。"

妈妈："根据第二种方法，一个月后，你猜能拿多少钱？"

我犹豫道："200 ？"

妈妈再一次拿出纸笔："咱们来算一算。"

日数	金额	日数	金额	日数	金额
1	0.01	11	10.24	21	10,485.76
2	0.02	12	20.48	22	20,971.52
3	0.04	13	40.96	23	41,943.04
4	0.08	14	81.92	24	83,886.08
5	0.16	15	163.84	25	167,772.16
6	0.32	16	327.68	26	335,544.32
7	0.64	17	655.36	27	671,088.64
8	1.28	18	1,310.72	28	1,345,177.28
9	2.56	19	2,621.44	29	2,684,354.56
10	5.12	20	5,242.88	30	5,368,709.12

每天翻倍，一个月给多少钱

　　结果出来，我惊呆了。"什么？！一个月后五百多万？太夸张了吧。你真的会给我这个奖励吗？"

　　"哈哈。我给你的奖励，就是告诉你一个赚钱的新知识。"

　　"哦！"虽然不如直接给我五百万有吸引力，但好过没奖励。"什么知识？"

1. 荷塘效应

妈妈没有急着回答，而是讲起了另外一个故事："从前，有位大臣拯救了他的国家。国王苏丹为了感谢他，问他：'我要赏你很多很多小麦。你想要多少啊？尽管开口。别客气。'大臣那时候正在跟苏丹下棋，于是指着面前的棋盘说，'不用很多，只要在棋盘的第一格放一粒小麦，第二格放两粒，第三格放四粒，第四格放八粒……依此类推，把棋盘上64 个格子都放满就行了。'苏丹认为这个要求实在太简单了，觉得大臣真是知情识趣，就同意了他的要求。没多久，财政大臣跑过来大哭，说整个国家的小麦给了那位大臣都不够。苏丹意外极了，可是，为了信守承诺，最后，苏丹只好把整个国家送给了那位大臣。"

我："30 天，1 分就能变五百多万！ 64 天，不知道能变出多少呢！但是，知道这个怎么能赚钱呢？"

妈妈："先不急。这里面的诀窍，你明白了吗？"

我点头。很简单呀。翻倍再翻倍，短时间就能变得很大。

妈妈："那我问你。我们小区里的那片湖，如果开始长荷叶。第一天只有 1 片荷叶，第二天 2 片，第三天 4 片，第四天 8 片，依此类推，以成倍速度增长。一个月后，这个湖就被铺满了。我的问题是：第 29 天，就是一个月结束的前一天，这个湖里有多少荷叶？"

"哈？这个我怎么知道啊！"我挠头，要不也列个表算算？

妈妈："你倒过来想想。翻倍再翻倍。最后一天是满的，那前一天是……?"

我再看看之前那张表，最后一天 537 万，前一天才 268 万，前一天是后一天的一半："哦！是半个湖的荷花。"

妈妈："没错。如果以倍数来增长，一开始变化不大，但随着基数越来越大，越到后来，变化越惊人。最后一天的成果是前面 29 天的总和。

这也是有钱人为什么更有钱、穷人为什么更穷的原因。有钱人能够投资的本金足够大，同样是 5% 的利息收益，1000 万的利息有 50 万，1000 元的收益只有 50 元。可是，也正是因为这个规律，穷人也能改变自己的命运。你看，三个故事里，每一个开始都是微不足道的个体：1 分钱、1 粒麦、一片荷叶。但最后却都颠覆了大家的三观。士别三日当刮目相看，说的就是它们。所以，如果你想赚很多钱，你应该做什么呢？"

"存多点本金？"我犹犹豫豫道。

"是的。这点很重要。更重要的是'坚持'。一开始，你的本金很少，变化不明显，但是随着你的本金越来越大，同样的增长率，会带来惊人的数字。这也是我为什么鼓励你从小开始储蓄的原因。时间就是金钱。只要你有耐心，坚持下去，时间会给你惊喜。很多人坚持了一段时间，看不到效果。就像荷塘刚开始的十多天，每天增长非常缓慢。于是，没耐心的人就放弃了。但是熬过缓慢增长期的人，很快就看到了满湖的荷叶。"

2. 世界第八大奇迹

妈妈继续说："时间的力量，还体现在世界第八大奇迹上。"

我："世界八大奇迹？那是什么？"

妈妈："前面七大，各有各说法，一般认为我们中国的长城、罗马的斗兽场、英国的巨石阵、意大利的比萨斜塔、土耳其的圣索菲亚大教堂、埃及的亚历山大地下陵墓、第七个争议就更大了，有人说是中国南京的大报恩寺琉璃塔，有人说是印度的泰姬陵，也有人说是秘鲁的马丘比丘。反正都是一些恢宏壮观的建筑。而第八大，其实是一句玩笑，只是因为他是爱因斯坦说的，所以广为流传。"

我："爱因斯坦说的呀？是什么？"

妈妈："复利！"

我："复利是什么？"

妈妈："要想搞明白什么是复利，得先从单利开始。因为复利，其实是很多个单利相加。"

我："那什么又是单利呢？"

妈妈："平常银行给咱们算的都是单利。所谓单利，就是一笔钱无论存多久，只有本金计算利息。比如，1000 元放在银行里一年，银行说给你 5% 的利息，到了年底，银行就会给你 50 元利息。我们叫这种现象是'钱生钱'，"

我："银行为什么会给我们利息？"

妈妈："因为银行借钱给其他人，赚取更高的利息。但是他自己的钱不够，就用比较低的利息吸引我们去存钱，再把我们存的钱，借给别人，收更高一些的利息，收回利息后分给我们一部分。银行赚取中间的利差。"

我："明白了。"

妈妈："如果你的 1000 元，放在银行 5 年，都以 5% 年利息来算，单利的话，5 年后，你就收到 1000×5%×5 = 250 元利息。也就是说，最后你能拿到本金加利息，总共 1250 元。"

单利的公式

我："那第八大奇迹呢？"

妈妈："复利的诀窍是'钱生钱，利滚利'，也就是说新得到的利息在下一阶段同样产生利息。还是你那 1000 元，年利息 5%，存 5 年，复利的结果是："

第一年 = 1,000 × 1.05 = 1,050 元；

第二年 = 1,050 × 1.05 = 1,102.5 元；

第三年 = 1,102.5 × 1.05 =1,157.63 元；

第四年 = 1,157.63 × 1.05 = 1,215.51 元；

第五年 = 1,215.51 × 1.05 = 1,276.28 元。

五年后终值：1,276.28 元，比单利多了 26.28 元。"

我："哦！奇迹呢？"

妈妈："奇迹就是时间的力量。让我们算算 30 年后，单利和复利相差多少。30 年后，复利计算是 4322，单利计算只有 2500，两者相差 1822。"

30年后，复利，可以获得的金额								
年数	金额		年数	金额		年数	金额
1	1,050.00		11	1,710.34		21	2,785.96
2	1,102.50		12	1,795.86		22	2,925.26
3	1,157.63		13	1,885.65		23	3,071.52
4	1,215.51		14	1,979.93		24	3,225.10
5	1,276.28		15	2,078.93		25	3,386.35
6	1,340.10		16	2,182.87		26	3,555.67
7	1,407.10		17	2,292.02		27	3,733.46
8	1,477.46		18	2,406.62		28	3,920.13
9	1,551.33		19	2,526.95		29	4,116.14
10	1,628.89		20	2,653.30		30	4,321.94

30年后，单利，可以获得的金额
单利利息=本金x年利率x年数
单利利息=1000x0.05x30=1500
利息+本金=2500

30 年后，单利和复利的差别

"也不算很多呀！"我不以为然。

妈妈："本金只有 1000 哦，结果就能差 1822。如果本金是 1000 万呢？两者就相差了 1822 万这么多。"

"哦！"我深吸了一口气。果然是奇迹呀。

妈妈："复利之所以神奇，就是和荷塘、小麦、一分钱的故事一样，都是以倍数来计算的。它的通用公式。你先这么听着，等你以后学会算倍数了，你就知道怎么计算了。我们平时要做的，仅仅只是把利息留在里面继续滚动，不要拿出来用，然后一直坚持下去。就像滚雪球一样，雪球会越滚越大，最后膨胀成一个惊人的大雪球。这就是财富增长的奥秘。"

复利的通用算式

妈妈的话像咒语一样，充满诱惑力。这是我第一次听到"复利"的概念，眼前似乎陡然铺开了一条路，金光闪闪，一直延伸到遥远未知的天地。我开始对未来的生活充满期待，不再有未知的惶恐。时间，我一定要和它做好朋友。

父母偷偷学

试着和孩子一起计算一下，观察不同的本金、不同的年数，不同的收益率，最后的结果有什么样的变化。

CHAPTER 18 1块钱，多久才能变100万

回到学校，我迫不及待地与同学们分享我听来的内容，什么荷塘呀，苏丹与大臣呀。大家跟我一样，因为发现了新的生财之道而欣喜不已，也因为高利贷的贪婪和残忍而啧啧不平。

"我也要开始存钱。我妈老念叨'一寸光阴一寸金'，原来是这个道理。"琪琪一边点头一边说，"这个月的代购生意不错，应该能存下一点。喂，你们来看看，深圳新出了一些特别玩意儿……"

家豪也点头赞同："看来，这个比开一间游戏公司更靠谱啊！"

"存了钱，游戏就过不了关。游戏过了关，就存不下钱。"阿东叹口气，"好难选择呀。"

"To be, or not to be: that is the question（生存还是毁灭，这是一个值得思考的问题）[1]"阿媛接着阿东的话说。

① 出自莎士比亚的《哈姆雷特》

良久，大家都开始聊起其他话题了，阿东突然冒出来一句："要不我以后每天存 1 块钱？不知道什么时候才能存够 100 万啊！你问问你妈？让她帮忙算算？"阿东轻轻推了我一把，说道。

1. 1 块钱的力量

　　"1 元变 100 万？如果放在墙角，永远都不会变 100 万。"妈妈用手机计算器按了好一阵子，告诉我，"如果去投资，不同的收益率，年数不同。如果放在银行，现在银行利息也就 3% 左右，要放 468 年。如果利息高一点，5%，也要 284 年。如果要想在有生之年变成 100 万，年利率要达到 20%。"

　　"哇。一块钱真的能变 100 万呀。看来不能小看每一块钱了。"我说。

　　妈妈："储蓄虽然重要，生活才是根本。可别太小气了，什么也舍不得花，会影响生活质量哈。"

　　我："我们的问题不是'1 块钱变成 100 万'，而是每天存一块钱，什么时候才能存下 100 万。"

　　"这样啊？！这个算起来有点复杂。"妈妈又把手机拿出来，演示给我看："你在网上搜索'复利计算器'或者'定存复利计算器'，就会出现很多小程序，输入每天或每月存的金额、年利率、年数等信息，一提交，就会出来结果。你们可以自己去试试。"

1元变100万	
本金	1元
利率	年数
0%	永不
3%	468
5%	284
10%	145
15%	99
20%	75

1元变100万元的年数

2. 一个月算一次利息

咦？！好玩！我现在存了3万块，存30年，如果年利率10%的话，会有多少呢？我拿着手机开始试起来。

只听妈妈又说："你看，这个小程序里有几个影响因素，也就是你要往里面填的几个格子"。

"本金、年利率、年数……"我一个个读着，"年复利次数是什么？"

妈妈："年复利次数就是一年计算多少次利息。一个月计息一次的，年复利次数就是12；一个季度计息一次的，年复利次数就是4；一年计息一次的，年复利次数就是1。复利与单利的不同之处在于利息也能产生利息。那么，如果利息收到得越早，不就能越早开始利滚利了吗？"

我："哦！是哦！那是不是每天算一次最好了？"

复利增值计算器

计算项目 ◉ 本金　○ 终值

存入本金 30000

年利率(%) 10

存入年限 30

年复利次数 1

复利终值 523482.0681

开始计算

复利增值计算器[①]

妈妈："数学家发现，一月计算一次利息和一日一次差不多。所以，如果年利率一样，每月记一次利息就是最划算的了。"

"哈哈。30年后，我就有52万了呢！！"想到只要等我长大，我就能拿大笔大笔的金钱，心里不由乐开了花。

3. 收益率与风险

妈妈继续："在本金、时间、年利率和年复利次数这四个要素中，最重要的是时间，其次是年利率。储蓄能让人在一段时间后变富有，而年利率则能够加快这个进程。我们再看回1块钱变100万的表。年利率20%比3%缩短了393年。"

我："老听你说'年利率'，其实，到底什么是年利率呢？"

---

① 截图来自网站：https://www.itouzi.com/flzz-jsq

妈妈："年利率，有时也叫'年收益率'或'年回报率'。简单来说，就是你给人家100元，过了一年，人家给回你的利息所占本金的比率。如果给你3元，就是3%，5元就是5%，20元就是20%。有的时候，人家会提到'月利率'，月利率就是年利率除以12。要小心的是：以月利率结算的机构，大多用的是复利，也即每月产生的利息，在之后也会产生利息的利息。因此，12个月后的总利息比一年结算一次的单利利息会高一些。"

我："也就是说年利率越高越好咯？"

妈妈："那可不一定。就像之前说的，高利贷之所以要收取高昂的利息，是因为借钱的人随时可能跑掉，放贷机构为了弥补风险，所以要拉高利息。一般来说，回报率越高、风险就越高，回报率越低、风险就越低。你把钱放在国有银行，年利率可能只有3%，但是不用担心银行跑掉。如果你把钱借给网上的借贷公司，对方说给你20%的回报，但是，有一天借贷公司会突然倒闭。"

我："为什么会倒闭呢？"

妈妈："有可能这个借贷公司本来就是骗子。有句很经典的话：'你想要人家的利息，人家想的却是你的本金。'它拉到足够多的存款后，就卷款逃跑了。

也有可能是借贷公司投资失败，被别人卷款跑路了。就像我们存钱给银行，银行借钱给别人，赚取利息差一样。借贷公司给你20%的利息，前提是他能收回更高的利息，他需要养活员工、支付日常经营费用，还要自己再赚一点，也许要30%以上的回报率才行。

但市场上的赚钱机会就只有这么些。赚大钱的行业，很快很多人都会去学着做。供应一多，原本赚钱的生意也变得不赚钱了。要找到30%回报率以上的项目极其困难，除非你承担足够大的风险。比如走私的回报率就非常高，但是从业者随时会被抓进监狱。"

我："那我全部放银行好了。我存那些钱多不容易呀。"

妈妈笑了，对着我眨眨眼，说："放银行也有风险。"

"哈？你刚刚不是说银行不会跑路吗？"我的小心脏受不了这么大的起伏呀。

我的表情肯定很搞笑，妈妈的笑意更浓了，她说："不是不会跑路。国有大银行倒闭的风险比较低，也会倒闭，但是机会很小。小银行就不一定。你爷爷从前在一间香港小银行存了些钱，后来那家银行倒闭了。

但是我刚刚说的风险不是银行倒闭或跑路的风险，而是银行给的利率太低了，跑不赢物价上涨速度的风险。比如，你100元放在银行一年，虽然银行给回了你103元，年利率是3%，但是那一年猪肉、大米、房租和其他很多日常必需品涨价了7%，也就是说，你的实际购买力减少了4%。"

"哦！怎么会这样呢？我都晕了。"我想静静。

4. 供求关系和通货膨胀

"还记得在沙漠里给快渴死的钻石商人卖水的故事吗？"妈妈问。

我："嗯嗯。如果只有我一个人有水卖给他，我就可以把他的钻石都换过来。如果还有其他人一起卖，他就会从价格更便宜的人手中买水，大家就会互相拼价格。"

妈妈："是的。这就是供求关系原理：当供应多而需求少，价格就会下跌；当供应少而需求多，价格就会上涨。价格，因为供求关系的变动而围绕商品的价值上下波动。供求关系原理可以帮助解释很多经济现象。

当市场上的钱很多，大家都去买东西，但是生产又跟不上的时候，就形成了需求多和供应少的局面，商品就会普遍涨价。这种现象通常发生在经济比较畅旺、人们生活改善开始拥有更多货币积累的时候。我们把在一段时间内，商品的价格连续性地、以一定的幅度上涨、从而使货币的实际购买力下降的现象，称之为'通货膨胀'。'通货'就是在市场上流通的货币。随着物价不断上涨，人们的消费能力不够，需求减少，另一方面，供应因受到之前的涨价刺激，逐渐增多，此消彼长之下，又回到供应多而需求少的状况，商品的价格又会回落，货币的实际购买力又调头回升，就形成了'通货紧缩'。"

我："哈哈！真有趣。"

妈妈："如果年回报率低于通胀率，其实是亏损的。我们的投资，至少得跑赢通胀。"

"那就需要承担更高的风险吗？"我有些失落，看来赚钱并不如我之前想的那般容易。

"还有一个方法。"妈妈说。

"拉长久期。"妈妈回答。

"什么意思？"我一头雾水。

5.　收益率和久期

"如果你今天存，明天就取出来，银行或其他机构怎么用你的钱再去赚钱呢？太不稳定啦。他们都希望存在里面的钱永远不要取出来，或者放得越长越好。因此，他们会用更高的回报率来吸引客户进行长期储蓄。

随时可以取出来的存款，叫做'活期存款'，约定一段时间到期后才可以取出的，是'定期存款'。下面 2018 年 6 月 22 日中国银行提供的存款和贷款利率表。

我们可以看到，活期存款利率很低，100 元放一年才收到 0.35 元，六个月（半年）的年利率是 3.05%，但五年定期存款利率表的利息就有 4.75%。

再看右边的贷款利率，6 个月内的年贷款利率高达 5.6%，而对应的存款利率只要 3.05%，这里面就有 2.55% 的利率差。五年的贷款利率是 6.4%，对应的存款利率是 4.75%，也有 1.65% 的利率差。而且很多资金是来自三个月或半年的低息存款，那么利率差就更大了。"

最近更新:2018-06-22	
中国银行人民币存款利率	
活期利率	0.350%
定期利率	
三个月	2.850%
半年	3.050%
一年	3.250%
二年	3.750%
三年	4.250%
五年	4.750%

中国银行人民币贷款利率	
短期贷款	
六个月以内（含六个月）	5.600%
六个月至一年（含一年）	6.000%
中长期贷款	
一至三年（含三年）	6.150%
三至五年（含五年）	6.400%
五年以上	6.550%
个人住房公积金贷款	
五年（含）以下	4.000%
五年以上	4.500%

2018 年 6 月 22 日中国银行提供的存款和贷款利率表

我掰着手指头算起来："是哦。如果利率差是 2.55%，就是每 100 元，它就能多收两块五。存 10000 块，就能多 255。银行很能赚钱哦。我们能直接自己贷款给别人吗？"

妈妈："也可以，这属于'民间借贷'，是没有经过金融监管部门批准设立的，从事贷款业务的机构或个人进行的借贷行为，可以是个人与个人之间，或个人与机构之间，机构与机构之间的贷款。"

"下次阿东缺钱了，我可以贷款给他，要他付利息。"我发现了新的生财之道。

妈妈笑了："呵呵。只要阿东同意，也不是高利贷，就可以。不过，你要承担人家不还钱的风险哦。"

父母偷偷学

和孩子一起上网查一查不同理财产品的利率差异，并讨论这差异的原因来自于风险还是久期。

查一查如今的通货膨胀率有多少，在生活中留意物价上涨的幅度。

复利是财富的奥秘，我们需要存更多的本金，选择高一点的收益率，然后坚持很多年；

如果要提高收益率，可以选择比较长期的产品，或者承受高一点的风险。我反复琢磨了几遍，确保自己明白每一个要点。

"本金、时间、收益率和年复利次数……"我嘀咕着，"年复利次数比较简单，不用管。收益率太复杂，搞不定，以后再说。时间反正就慢慢等。现在，我能做的就是提高本金。"

"妈妈，怎么样才能更快地提高本金呢？"我问。

妈妈："你每个月能存下多少钱？"

"额……嗯……那个……，反正每次三个储钱罐我都有往里头放。梦想罐已经存了3万啦！"说到梦想罐，我就忍不住要炫耀一把——有几个同学能跟我一样，现在就存下这么多钱的？！

妈妈又问："那你每个月花多少零花钱？"

"嗯……这个……"我答不上来。

中学离家有些远，家里不再送饭，我就跟同学们一起在学校附近吃，一餐四十元，来回车费十五元。放学后，大家总会一起在周围买点小吃：鱼蛋、玉米杯或口香糖。还有，嘉恩就要生日了，我每天存三元给她买生日礼物，存在心愿储蓄罐里。每个月剩下的钱，我就塞去梦想罐。有时，只剩三四块。有时，能有十几块。反正总有剩就是了。

1. 开始记账

妈妈说："理财的基础是'了解自身的财务状况'。你必须清楚地知道你过去的消费习惯、现在的财务状况，以及未来的财务目标，你才能做出一个适合你自己的理财计划。"

我："那我应该怎么做？"

妈妈："记账！"

我："记账？"

妈妈："对。记下你花的每一笔零花钱。这样你才能清晰地知道每个月最低消费需要多少。在收入不变的情况下，最高的储蓄额是多少。这些以后将是你投资的底气。当你的投资账面亏损时，清楚掌握现金流向，知道手中还有多少子弹，在什么水平下不会影响日常生活，你就不会慌。不慌，你才能做出正确的决定。你先记一个月。之后，咱们再看接下来怎么办。"

哦！只要记一个月就能有下一步了。还好，还好，不算太久。我舒了口气。

回到学校，讲起为了掌握消费状况，开始记账的事。阿东说："我本来也想着每天存 2 块钱买道具，但是到了周五根本就剩不了钱。也不知道都去哪里了。"

家豪分享了一个记账的好方法："我爸妈也记账，也用储蓄罐。不过，储蓄罐不是用来存钱的，是用来存发票的。那些罐子上写着'衣服'、'餐饮'、'娱乐'、'其他'。每次花了钱，就把发票往里面一塞，一个月拿出来数一次，算个总数。"

"这个方法好。不用每时每刻记这么麻烦。"我说。

"可是附近小卖部都不给发票呀！"琪琪插嘴。

"是哦。那就不行了。"我说。

"有一次，我翻了翻他们的罐子。发现爸妈实在是太奢侈了！一个月内，六合彩彩票就有好几张，还都是没中的。我爸还经常吃好贵的餐，一张发票就上千块，一个星期能有好几张。可恨对我就这么苛刻小器！"家豪愤愤然道。

"你妈让你记账，她自己记不记呀？"家豪问。

"不知道呢。等我回家问问。"我说。

"她肯定没记。大人自己做不到，却老是要求孩子做到。"琪琪颇为肯定地说。

2. 妈妈记的账

回到家，我问妈妈。妈妈拿出她的手机给我看，里面有个 APP，正是记账软件。她说："托智能手机的福，现在有很多非常好用的 APP，不仅可以直接导入信用卡或支付宝的数据，还支持家庭成员多个客户端同时登录，在同一账户下一起记账。"

她一边演示一边说："支出，有不同的类别，如交通、餐饮、生活必需品、衣服服饰、娱乐、儿女教育、父母赡养、贷款供款等。那些定期的费用，比如菲佣的工资、兴趣班的学费，每月都一样，可以设成模板，支付时，直接点击模板加入就行。可以在这里生成图表，分析上个月，哪几类支出占比多，跟前一个月相比，哪几类支出增加了。"

妈妈给我看了一下过去几个月她记的账。每个月要七八万！还银行的贷款占比最高。我从来不知道家里还欠了那么多钱！我一直以为家里很有钱！

"妈妈，我们还借这么多钱吗？"我有点替爸妈难过，他们背负着这么重的贷款，我还老想着让他们多给我一点。

妈妈："贷款也分良性和恶性。高利贷或其他利息比较高的消费贷款，就属于恶性。但以房屋为抵押的住房贷款利息比较低，年份也很长。在香港，住房贷款只要 2 厘左右（0.2%）。不仅可以抵消通胀，还能把钱借来投入高一点收益的项目，赚取利差。"

"就像银行一样，赚取利差。"我的沮丧一扫而空，语气中带着骄傲。就知道我妈没那么菜。

妈妈："贷款投资需要谨慎！毕竟钱不是你的，如果你亏了，贷款还得还。所以，如果不是有稳定收益的项目，千万不可贷款投资。"

妈妈继续说，"我们常常会低估了积少成多的幅度。尤其是城市里的人，生活费用比较高，一般 100 元以下的消费都不太在意。却不知道左漏一点、右漏一点，很快用光了。"

"我跟弟弟每个月的教育费用居然这么高的呀！"我惊呼道。妈妈账上第二高的费用居然是儿女教育费，两人每个月差不多要两万块。

"所以啊，以后上课认真点，少浪费我的钱。"妈妈严肃地说。

"咦？这个'固定支出'和'浮动支出'分类是怎么回事呀？"妈妈的账上，在交通、餐饮、衣服服饰等类别之上，还有一个"固定支出"和"浮动支出"的大类别，交通、餐饮等类别在这两个大类之下。

妈妈："这是为了区分'必需'和'想要'的。可以把支出分为较难改变的、必需的固定支出（如房屋贷款或房租、水电煤气、电话费、管理费、通勤交通费、儿女学费、保险费等）和容易改变的、想要为主的浮动支出（如人情往来、服装配饰、餐费、旅行支出、娱乐支出等）。这样能把'想要'的支出凸显出来，方便定期反省和分析'想要'的支出项，就能有效地控制开支。还记得'摩卡效应'吗？"

我："哈哈。这次我记得了。就是定期的小费用，如果频率足够高，就会变成大漏洞。"

妈妈："没错儿。在分析支出项的时候，尤其要注意那些'稳定的'、'持续性'开支，思考如何拉慢频率或者减少每次的金额，就能进一步优化消费习惯。"

我："要记多久，才能看到规律啊？"

妈妈："你们的消费比较简单，很容易看出来，一两个月就行了。大人的话，一般要半年以上，才能大致了解钱的去向。据此，就可以做一些简单的收支规划，边记账边调整，让各时间段花费更加均衡。"

我："什么叫花费更加均衡？"

妈妈："很多月光族月光的原因就在于花费不均衡。有些人拿到薪水之初特别大方，到了月末就捉襟见肘，需要靠吃杯面度日。"

"记账最好要持续一年，因为一年才是最完整的周期。各种节庆、家人好友生日、各种花钱的场景都经历了一遍，对未来一年的预算就更有指导意义。做到心里有数后，才能预先预留一部分给花费较多的月份，进行相互调剂。"

我："是呀。我常常觉得应该有很多钱可以存下来。可是，一会儿嘉恩生日了，一会儿又要跟人凑份子参加活动，常常有这些突发的事情要花钱，到最后也没剩多少。"

3. 做好预算

"等你记了一两个月账后，就可以学着做预算了。"妈妈指着手机软件中的一个功能说，"这就是我的预算。如果某一项快接近超支了，它就会变红，提醒我，不能再用了。"

"这个功能好。"我很想立刻就下载这个 APP，开始大展拳脚。

"预算不是一成不变的，你也要根据自己的消费情况，经常调整。"妈妈继续说。

"我也要做预算。你先教我吧。我一边学一边调整。"我说。

"孩子的收入和支出都比较简单，所以表格也要尽可能简单。复杂的表格不容易操作，就会放弃。这个 APP 是给成年人设计的，默认账本功能太多，你还用不上。你可以先在 Excel 表上简单列一下。关于支出，就只要记'收'和'支'就行了。因为你的零用钱是每周发的，可以每周做一次总结，看看哪里用多了。"说着，妈妈拿出纸笔，画出一张表格来。

"预算的思路刚好要倒过来。根据收入多少，量入为出。我的建议是把必需和想要分开，把储蓄目标的钱先扣除，再把剩余的金额用于想要项目。我们把这种先扣除储蓄的方法，叫做'先付给未来的自己'，这样你就不会那么舍不得储蓄了。"妈妈一边说，一边刷刷又画了一张表。

"先付给未来的自己。"想象着长大后青春靓丽的自己，手里拿着六位数甚至七位数的银行本。的确，这么一想，储蓄也不再困难了。

"第一步，先填上每周收入（包括零用钱和杂务工资等收入）；

第二步，填上每周必需的支出项目（午饭、车费等）；

第三步，填上储蓄目标金额（梦想罐和心愿罐）；

第四步，把每周收入减去每周必须支出，再减去储蓄目标，得出可用于想要的金额；

我的收支

日期	收入	支出	备注
20XX-XX-XX	420		一周零用钱
20XX-XX-XX		45	午餐
20XX-XX-XX		15	交通
20XX-XX-XX		10	零食
20XX-XX-XX		5	心愿罐
20XX-XX-XX		5	梦想罐
20XX-XX-XX	50		杂务打工
20XX-XX-XX		…	…
一周合计	470		余额处理（余额数目及分配方式）

收支表格

我的预算

每周收入：	420		
必需		储蓄	
项目	金额	项目	金额
午饭	200	梦想罐	21
交通费	75	玩具1	18
		嘉恩礼物	18
…	…	…	…
需要总计	275	储蓄总计	57

可用于想要的金额：	88		
想要		备注	
项目	金额		
零食	75	梦想罐以意外收入为主	
其他			

我的预算

"第五步，填上想要项目。"我一边跟着妈妈的指示，一边填着数字："看来，做一份预算也不难嘛。"

妈妈摇摇头："预算表做起来容易，执行的时候却难。预算失败的例子比比皆是。"

我："为什么呢？"

妈妈说："在设置预算的时候，有些人把储蓄目标定得太高，雄心满满，执行时却控制不住想要的欲望。所以，我建议你先记一两个月账，再根据实际的消费情况，制订预算。预算的另一大敌人是非日常性开支。"

我："什么是非日常性开支？"

妈妈："所谓非日常性开支，就是偶发性的、不是平常经常支付的支出。对你们来说，最常见的非日常性开支就是给朋友的生日礼物。"

我皱眉道："是呀。我也常常苦恼这个问题。买太贵的礼物，我就没钱了。太便宜，又会没面子。别人会在背后笑你小气的。"

"礼轻情意重。送的是心意，又不是在拍卖场拍卖友谊。用礼物的贵贱来衡量朋友是否值得交往，这样的朋友可要不得。"妈妈说。

我："那怎么解决呢？太便宜了，实在不好意思送呀。人家转身就扔垃圾堆里了。"

妈妈："可以跟其他同学合资买份大礼啊。这样既省钱，也通常更实用。"

我："好主意。"

妈妈："为了不让非日常性开支打乱计划，可以做一个'特别日子年历'，把需要花钱的重要日子都记下来。比如要好同学的生日、父亲节、母亲节、圣诞节、书展、漫画展等。在每个重要日子上，写上所需要的大致金额和开始储蓄的日期，可以在手机日程上设置提醒闹钟，当开始储蓄的日期到来时，提醒你每天存下一定金额的零用钱。到时候，你就能有足够的金额应付啦。"

"好的。我现在就开始做年历。人缘太好，朋友太多，也麻烦。"我叹口气。

父母偷偷学

和孩子一起开始记账，并定期总结。

协助孩子制订出预算表和特别日子年历。

　　自从我在学校里分享理财知识后，我身边常常围了好些同学。有人因此争取到了零花钱，有人开始跟着我储蓄，还有人希望安排他们爸妈跟我妈妈取取经。这让我的虚荣心得到了极大的满足。我也因此更关注起理财知识来。

记账和制订预算很重要，但需要循序渐进、日积月累。为了更早实现我的发达目标，闲下来，我都会在网上搜索有关理财的资料，居然被我发现了不少存钱秘法。我把各种方法都记在小卡片上，反复琢磨，搞懂了，记熟了，跟小伙伴一讲，哇！又收获好多掌声！

　　这天，我也依样画葫芦，跟妈妈依次解说起来。

1. 十二存单法

"我最喜欢的存钱方法是'十二存单法'。因为它简单易行，也很有满足感。"我开始滔滔不绝地讲起来，感觉自己有了点妈妈的影子，"所谓'十二存单法'，就是每个月存一笔一年期的定期存款。一年期定期存款比活期存款的利息要高很多。等一年后，你手里就有 12 张一年期的定期存款，而且每个月都有一张到期。就像给我们发工资一样，爽不爽？"

妈妈点点头，说："这个方法适合有稳定收入的家庭。"

我继续说："等到期了，如果你要用钱，就拿来用；不用的话，就继续连本带利滚存；有多余的钱，还能和那一笔放在一起，再来一年。钱生钱，利滚利。越滚越大。几年下来，你就能攒下一笔不小的存款啦。而且每月都有钱收，非常灵活，除了第一年，其他时候每个月都能取钱。"

虽然妈妈没有像小伙伴们那样露出惊讶和崇拜的表情，她的微笑和眼神还是给了我继续的力量。

2. 台阶储蓄法

"第二种方法是'台阶储蓄法'，原理跟十二存单法类似。缺点是每年才有一次收入，不如十二存单法方便提取。好处是比十二存单法的利息更高。"我继续介绍第二种方法，"到底什么是'台阶储蓄法'呢？就是存 5 张存单，像台阶一样，一步一步往上走。分别是 1 年定期、2 年定期、3 年定期，4 年期和 5 年期。等到第二年，1 年定期的到期了，你就把它连本带利转存成 5 年期的，到了第三年，2 年定期的也到期了，也连本带利转成 5 年期的。以此类推。那么以后你每张存单都是五年期的，又可以在需要的时候拿出其中一笔，而不影响其他四笔的五年收息。五年期定期利率最高了。不过，我还是最喜欢十二存单法，月月收钱感觉更美好。"

妈妈说："五年定期的利息不错。这个方法挺好。适合对生活支出有控制，对未来生活比较乐观的家庭。毕竟，还是要把钱锁定那么久，才有意义。"

3. 金字塔储蓄法

"'台阶储蓄法'是年份上一步一个台阶，我要介绍的第三种方法是金额上的一步一个台阶，名字叫'金字塔储蓄法'。"我接着我的演讲，"如果你有一笔钱，但又不知道什么时候要用，也不知道用的时候需要多少，你可以把这笔钱切成从小到大的不同金额。比如说，你有 10 万块，就分成 1 万、2 万、3 万和 4 万,四笔都做 1 年定期。到第二年，如果需要用钱，就看哪一笔比较接近，就取出哪一笔，其他的就继续滚存，不受影响，不会一下子全部变成活期存款。"

好好存钱，其他交给时间

妈妈点头："这种方法适合在一年内有可能要动用资金，却又不确定何时使用，一次使用多少的小额闲置资金。比活期储蓄好一些，临时提取时损失比较低。"

4. 日增储蓄法

"'日增储蓄法'，据说在台湾很流行。但是我觉得操作起来太麻烦了。不过，这种方法适合没有本金的。之前三种方法，都需要至少已经有一笔钱，或者有好几笔才行。'日增储蓄法'可以说是从零开始。具体是什么呢？听我慢慢道来。"我卖弄着关子。

"挺不错的嘛，还能说得出来每一种方法的优缺点。真棒。"妈妈鼓励道。

"所谓'日增储蓄法'就是每天比前一天多存一元，天天存，存够365天。比如第1天1元，第2天2元，第3天3元……最后第365天就365元。一年能够存下来66,795元呢。想不到吧？"我说。

妈妈摇头："刚开始还可以。到最后两个月，每天都要存300多块。对于本来没有本金的人，一天收入多少？能存下多少？每天存300块，一个月要9000。能行吗？每天50都危险。"

"哦？！是哦。我怎么没想到？"我懊恼道，还是妈妈厉害，一听就找出毛病了。琪琪还说她最喜欢这种方法呢。

我："本来还有'52周存钱法'呢，原理也一样。就是把每天改成每星期。第一星期10元，第二星期20元……最后第52星期存520元，一年总共存13,780元。看来这种方法也不实用了。不过一星期500多，比每天300多，还是容易实现一点吧。"

5. 零钱储蓄法

我："'零钱储蓄法'比较简单，就是只要收到零钱，不管有多少，都放到储钱罐里，不再动用。长期下来，也能累积一笔。

阿媛最喜欢这种方法。她以前每过一段时间，就会在家里的各个角落搜罗硬币。她爸妈喜欢把零钱随便放。她的零花钱都是这么存下来的。哈哈哈。"

妈妈也笑了，说："这个可不算好方法。就像咱们之前说的，每一分钱都有各自的归属权。属于你的，再多，我们都不能动。属于爸妈的，就算只有1毛钱，在爸妈没有同意前，其他人也不能动用。不过，阿媛这种做法，想来她爸妈也是知道和默许的。"

"嗯。知道啦！就咱家规矩最多。"我嘟嘴道。

"这种方法也越来越不适用啦。"妈妈又说。

"为什么？"我问。

妈妈解释说："现在电子支付越来越方便，大家直接用支付宝、八达通或者信用卡支付了。比较少用到纸币，零钱就更少了。"

"看来，这个方法也不行了。"我更加沮丧了。

6. 组合储蓄法

"还有一种方法，很复杂。到现在，我也还不明白为什么要这么设计。这种方法叫'组合储蓄法'，前提是你得先有一大笔钱。我想，这是我怎么也搞不明白的主要原因，因为，我还没有一大笔钱。"我讲了一个冷笑话。

妈妈配合地笑了一下，才问："多少钱，算是很大一笔？"

"不知道。反正我还没有。"我耸耸肩，继续介绍，"当你有了一大笔钱，你可以把这笔钱存成'存本取息'的存款，就是本金一直存在里面，每个月可以取利息。一个月后，第一笔利息出来了，取出这笔利息，另外再开一个'零存整取'的储蓄账户，就是每个月存零钱，到期一次支取本金和利息的方法。介绍的文章说，这样的话，不仅那一大笔本金获得了利息，它的利息也有利息。我不太明白，如果利息留在那笔大的本金里，到期续存，不是利息也能收取利息了吗？为什么要这么复杂？"

妈妈："还记得我们讨论复利的年计息次数时，讲过：利息越早收到，越早开始滚存，复利的效用就越大吗？"

我："是的。最佳的计息频率是每个月计息一次。"

妈妈："对。这个方法就是利用的这一点。如果放在本金里，要等一年或更长时间到期后，才能获得利息。这种'存本取息'的方法，就允许你每个月计一次息。为什么要一大笔钱呢？因为一大笔钱的每个月利息才足够高，做这么复杂的操作才有意义。如果金额太小，就算啦，别麻烦了。但是，除非几百万的大金额，普通人的一大笔钱也最多几十万，通常一个月的利息也不会很多。利息存一年期，收不到多少。不如，把每个月的利息集中起来，最后整一个大的，所以，推荐'零存整取'的方法。零存整取计息按实际存的金额和实际的存期计算，一般为同期定期存款利率的 60%。高过活期利息，低过同期定期利息。当然每月利息如果足够多，也可以每月都存'整存整取'，这样就是十二存单法，每月存一张。第二年继续滚存了。"

我："哦！明白了。"

"真不错，记得那么多存款的方法。还知道相互比较，分析优缺点。"妈妈夸赞地摸摸我的头。

我也觉得自己很厉害，正要摆出继续求表扬的姿态时，妈妈一头冷水泼了过来，浇得我从头湿到脚，心里拔凉拔凉的。只听妈妈说："这些方法，你了解一下就行了。不用太认真。目前这个阶段，你也可以随便照着上面方法做着玩玩。等我教会了你投资，你的钱根本不会放在银行，银行的利息太低了。"

哦！好吧！看来，我是白费功夫了。花那么多时间，把它们搞懂，又能复述出来，我容易嘛！

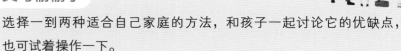

父母偷偷学

选择一到两种适合自己家庭的方法，和孩子一起讨论它的优缺点，也可试着操作一下。

第五篇 生涯规划

　　"嘿。阿媛，你爸来接你啦。"放学时，我们几个一起走出校门。看到阿媛爸爸的车停在门口，阿东第一个喊道。

　　"好幸福哦！每天爸爸来接。"我羡慕极了。我爸妈除了家长会，几乎没来过学校。

　　阿媛和我们挥手告别，欢乐地跑走了。

　　"没办法呀。咱们爸妈都要上班赚钱，她爸爸不用上班呀！"嘉恩也酸溜溜地说。

　　"哈？不用上班？那靠什么生活？"我讶异地问。

　　"听说他爸是做装修设计的。只要在家里画画设计图，画好了，发给公司就行了。"琪琪接口说。她似乎掌握所有同学爸妈的职业情况。

　　"哇！这样的工作真好。可以自由安排时间。"我羡慕道。

　　"你妈这么厉害，在家投资就好啦。很多人就在家里炒炒股票，根本不用上班的。何必每天还要赶早班车这么辛苦？"琪琪隔开我们，问道。

家豪愤愤然："很简单呀！要赚钱！赚很多很多钱！越多越好。为了赚钱，大人可以不陪孩子去看球赛，不跟孩子玩，甚至可以几天都不见面！我爸就是这样,常常要出差,不出差的日子要加班,晚上回来我都睡了。只有周末才能见到他，有的时候周末还要加班或者出差。一切都是为了钱。我都不知道被他放了多少次飞机了。在他们眼里，钱比孩子更重要。"

妈妈也是这样想的吗？她能不能只在家投资呢？这样就有更多的时间陪我和弟弟了。

1. 你是为钱工作吗

"工作的确与钱有很大关系。迟到可能要扣钱、早退要扣钱、旷工也要扣钱。你做得好，老板给你涨薪水，年终也会给更高的年终奖。"妈妈说，"很多人判断一个职业好不好，就是看这个职业收入高不高。因为收入水平是最容易用数字量化的衡量标准。但是，收入只是工作的一个方面。它的重要程度跟家庭的收支水平有关。如果入不敷出或者收支相抵，可能就真是为了钱而工作。但是，更多人之所以热衷于工作，是因为工作带给了他们成就感和价值感，或者是因为喜欢工作的环境。"

"你也是吗？"我问。

妈妈："的确，如果现在爸妈不工作，我们依然可以照常生活。但是，每一天，等你们上学去了，我们在家干什么呢？和外公外婆一样，在家种种花，养养鱼，看看电视剧？我们才三十几岁！未来还有好多好多年可以过这样的退休生活。"

我："你可以投资呀，写作呀。可以舒服地生活，不用像现在这么紧张，天天朝九晚六的。"

妈妈："我喜欢跟同事们在一起。我们一起讨论最新的财经事件，对市场的看法，一起完成一些任务，甚至一起讨论生活琐事。就像你和你的同学们在一起一样。现在互联网上有各种课程，你完全可以待在家完成学业。如果让你选，你是想留在家里一个人学呢？还是去学校学呢？"

我想象了一下自己一个人对着电脑，上课做功课、上课做功课。每天一个人，除了电脑，就再没有其他。整个画面是灰色的，黑沉沉。这也太孤单了吧！我忍不住打了个激灵。另一个画面：学校里，一堆同学在一起嬉笑怒骂，拿到成绩单后的各种悲伤喜乐，是如此地鲜活可爱。

"我还是喜欢在学校里学。"我坚定地回答。

妈妈："我们工作拿到工资，就像你们考试拿到成绩一样。成绩好，说明你学得好。工资高，说明你干得棒。你拿到好成绩的时候，非常高兴，意味着你之前的努力有了成果。但是，你能因此就说'上学就是为了成绩'吗？尽管，成绩在很多时候很重要。"

我摇摇头。

妈妈："上学，除了成绩以外，更是一种生活。学校生活，有很多伙伴，很丰富，很有趣。"

我点点头："我明白了。你上班也一样。拿到高的薪水，很开心。但是上班，还能跟你的同事们、朋友们在一起。"

妈妈又补充道："一个人能做的事情有限，思考也容易陷入偏激。与人交流，在与大家的沟通中，思想互相碰撞，会有意外的成长。而且与一群人合作，能参与更大的一个人完成不了的项目。"

我："比如说？"

妈妈："比如，我们可以一个人在股市上买一间公司的股票，却需要和一群人把还没有上市的公司搞上市。我们可以一个人写作，却需要一群人把书正式出版。"

我："阿媛的爸爸一个人可以画设计图，却需要一群人才能把房子装修好。"

妈妈："没错。在工作中，你会遇到各种各样的人。有些人很容易相处，有些人比较孤僻，有些人容易与人冲突，还有人喜欢背后说你坏话、使阴招。学会与不同的人相处，也是人生的历练。只有经历过了，你才能理解世界上的很多事情，才算在这人间走过了一遭。一直躲在家里，尽管锦衣玉食，人生却缺少了很多。退休的生活，等退休之后再过好了。"

我："为什么阿媛的爸爸在家里工作呢？"

妈妈："记住我曾经说过的话：每件事对每个人的重要性不同，所以大家的选择不同。每份工作的情况不一样，每个人的性格不一样，每个家庭的需求也不一样。他是设计师，也许需要清静自由的环境，才能出产品。每个人的需求和特质不同，找到适合自己的工作，你就能享受到工作的乐趣。"

2. 三种现金流向图

我："为什么家豪的爸爸一直要加班和出差，都不跟家人在一起。难道家人就不重要吗？"

妈妈："有些人喜欢做有挑战的事情，每当完成时，就会有特别大的成就感。而通常有挑战的事情，会比较复杂困难，都需要投入大量的时间和精力。这是人主动的选择。有的时候，也可能是不得不为之。尤其当你必须依赖那份收入时，老板叫你做什么，你就不得不做。因为，如果你不听话，老板就会炒了你，换其他听话的员工。你必须另外找工作。但是，另外找工作，并不一定很顺利。就像阿杰的爸爸一样。"

我："怎么样才能不依赖工作的收入呢？"

"还记得我们提过的现金流吗？"妈妈问。

我点头，伸出手指开始数："现金流法则一：剩下多少，比收入多少更重要；现金流法则二：现金流流速越快，创造财富才能越快。"

看我都记得，妈妈显得很高兴："今天，我就教你更复杂一些的现金流知识。我们讲过，财富就好比一个水池。收入是往里面加水，支出是往外放水。每个人都是一边加水一边放水。这种水的流动，就叫现金流。每个人都能给自己画一张现金流的流向图。

大多数人，在刚开始工作的几年，现金流的流向很简单——从收入流去支出，周而复始。收入只有工资收入，非常单一。一旦失去工作，现金流就断了，生存就会出现问题。他们没有能带来被动收入的资产，也没有贷款。他们的现金流向图是这样的。"妈妈一边说一边画，"如果一直这么下去，不去搭建被动收入体系，一辈子就只能依赖工作，听从老板摆布。只不过是从这个老板处跳槽去那个老板处的区别罢了。"

我："这个我明白。如果一直靠工资，退休后就只能靠储蓄。草帽曲线告诉我们，工作的时间很短，花钱却要花一辈子。要购买带来被动收入的资产，这样草帽曲线才能变成鸭舌帽曲线，之后才能轻松养老。"

"说得很好！"妈妈摸摸我的头。

我都快和她一样高了。可她一高兴起来，还是喜欢摸我的头。

妈妈继续说："当工作了一段时间，手头宽裕了，就会买房买车，也会存下一笔钱开始投资。这个时候，工资依旧是主要的家庭收入来源，除此之外，有了小额的被动收入。但是很多人因为买房买车，向银行借了很多钱。所以，他们除了要支付日常的支出以外，还得还银行贷款。我们通常把这一类人，归为中产阶级，他们有了一定的经济实力，生活也得到大大的改善。他们的现金流向图是这样的：从收入流向支出和负债两大块。"

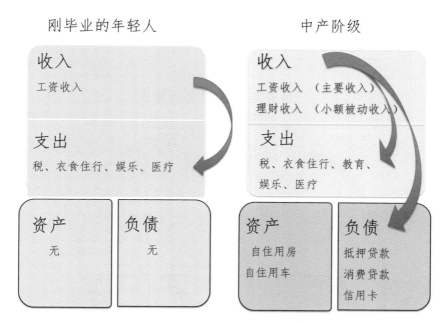

刚毕业年轻人和中产阶级的现金流向图

妈妈："和刚毕业的年轻人一样，他们仍然依靠工作收入生活。因为生活水平的提高，日常支出比前一类人多。更糟糕的是，他们还有负债，一旦失去工作，还不了负债，他们的房子和车子都会被银行收走。从前的积累一夕化为乌有。这也是为什么人到中年，在工作中更战战兢兢，不敢轻易耍脾气，更不用说辞职去追寻梦想了。"

"哦！怎么感觉越过越回去了？成年人的世界都好累呀！"我觉得心里闷闷的，有东西压着，透不过气来。

"我们一直强调要搭建被动收入的体系，才能有去过自己喜爱的生活方式的自由。如果搭建好了这个体系，现金流的流向会是什么样的呢？"妈妈又画了一张图。"依旧是收入与支出、资产与负债四大模块。与前两张图不同的是：在这张图里，资产也会产生收入，而且资产带来的被动收入成为了收入的主要来源，并且能够应付日常的支出。工资收入反而成了次要来源。当失去工作的时候，日常生活不再会受到冲击。"

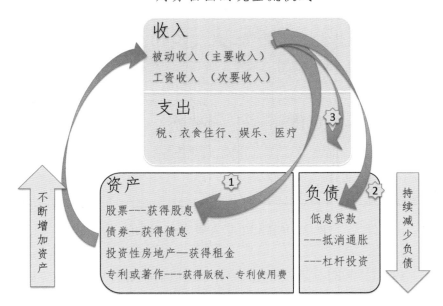

财务自由的现金流模式

"资产有股票、债券、投资性房地产、专利或著作……"我仔细地研究着这张表，这是我未来生活的希望。

妈妈："这种现金流模式也有贷款。我之前讲过，贷款也分好的和不好的。当利息比较低，能让你稳定地赚取利息差时，这类贷款就是好的贷款。"

"就像咱们家一样。"我骄傲地说。

"这个 1、2、3 的标记是什么意思？"我又问。

妈妈："这种现金流模式，收入会流向日常支出、贷款和购买资产三个地方，而且，首先支付给用于购买更多资产的储蓄，就像我们之前做预算时，会先留下一部分'优先支付给未来的自己'一样，这是第一步；第二步，再支付给用以赚取利差和抵消通胀的贷款；最后才会拿来支付日常的开销，不让日常开销不断膨胀，侵蚀掉本来可以用来投资的财富。这就是 1.2.3 的意思。在这样现金流的持续流动下，资产越来越多，被动收入也越来越高，如滚雪球一样，财富越滚越大。你就不用再担心失业的问题，可以选择做自己想做的事，不用顾虑工资收入。"

3. 财富的两辆马车

"我可以跳过中产阶级阶段，直接进入财务自由吗？"我问。中产阶级阶段负担太沉重了。

妈妈："除非富二代，财富总有一个原始积累的过程，很难跨越。但是，如果你尽早开始储蓄，有意识地控制消费，努力学投资，中产阶级的阶段持续的时间就会比一般人短一些。如果你一直都不懂得搭建被动收入的方法，有可能一辈子只能停留在中产阶级状态。"

"那我现在就开始储蓄、控制消费和学投资了，一定比别人经历的中间段更短。"对未来，我还是信心满满的，在心里默默计算着 3 万本金可以带来多少被动收入。

妈妈："我们必须努力，但不能急。有的路，一定要走。跳跃着成长，未必是好事。"

"什么意思？"我还在纠结着数字，没明白妈妈想说什么。

"记得吗？我们计算复利，为什么到最后的效果那么惊人？"

"因为后来的本金很大，所以，同样的收益率，就会有很高的回报。"我回答。

妈妈："是的。有些人，和你一样，早早地明白了被动收入的重要性。刚开始工作，有了一点点本金，他们就想贸贸然开始投资。但是，刚开始本金实在太小了，收益增长得很慢很慢。早期又没有投资经验，亏的反而比赚得多。因为心思花了太多在投资上，工作也没有起色，最后，反而两边都没好结果。

在财富的原始积累期，应该先提升自己的能力。在工作中获得认可，争取早日升职加薪，先把本金养大。被动收入的体系，需要长年累月的积累，无法一蹴而就。所以，在踏入社会的早期，工资收入才是财富增长的重要动力。投资的效果，要很长一段时间以后，才能体现。因此，我们把工资收入和投资收入，称为'财富的两辆马车'，共同推进着个人财富的成长。"

"好吧！我一定会努力，但我不能着急。拉着两辆马车，一起往前走。"我说。

许久，突然想起发起话题的初衷，我又问道："咱家属于第三种现金流模式了吧！"

妈妈："嗯。"

"那你可以少工作一点，多陪陪我跟弟弟吗？有时候，也可以来学校接我放学。"我期盼道。

妈妈："我会努力平衡工作和家庭，工作时提高效率，早点回家，把工作在公司全部完成，回家后就一心一意跟你们玩。好吗？"

"好吧！"我叹了口气，每次我想劝说妈妈，最后的结果都是被她灌输一堆大道理。

父母偷偷学

和孩子一起画一下自己家庭的现金流向图，并思考改进的方向。

　　像乌龟一样，认准方向，不被所动，坚持一步一步朝着方向走。

　　"小乌龟，光喊口号可不行。"妈妈用杂志敲了下我的头。

　　"怎么不行？"我问。

　　"对着'我要朝着理财和投资前进！'的目标，你打算怎么做？"妈妈问。

　　"努力学习理财呗。"我答。

　　"怎么样算是努力？怎么样算不努力？"她追问。

　　"呃……"

　　"你怎么知道你达到目标了没？"她穷追不舍。

　　"呃……我投资赚钱了？被动收入能养活自己了？"我声音越来越弱。

1. 明确的目标

妈妈："就像射箭一样，目标就是远处那个箭靶。你必须知道它具体在什么位置，离你有多远，你才会知道你该使多少力，朝哪个角度发射。这样，你射中的机会才会高。"

我："哦！也就是说，我要有一个准确的目标？"

"不是'准确'，未来的事情，我们很难提前知道什么是对的，什么是错的。我们需要的是'明确'的目标。"妈妈清了清嗓子。通常这样的动作，代表她要开始长篇大论了。只听她说："1979 年，哈佛大学曾对商学院学生做过一次关于目标设定的调查。结果发现：

84% 的学生，没有明确的目标；

13% 的学生，有明确的目标，但没有写下来；

只有 3% 的人，不仅写下了明确的目标，还包含了执行计划。

十年后，哈佛大学再次对那批学生做了调查，发现：那些写下目标、但没有执行计划的 13% 的学生，收入比 84% 没有写下目标的人，平均收入高出 2 倍。而那些除了写下目标，还制订了明确执行计划的 3% 的学生，比没有写下目标的人，高了整整 10 倍。假设普通人月薪 1 万，写下计划的人，就有 2 万，而写下计划及其执行方案的，月薪高达 10 万。"

"哇！真的假的？我也要写目标、订计划。"十倍嘞！只要定下目标和计划，就有十倍的效用。很简单啊！我跃跃欲试。

"目标要明确，才容易实施。什么样的目标才是'明确的目标'呢？我们有个标准叫'SMART'原则。"妈妈说。

"聪明的？（Smart 的英文原意为'聪明的'）"

"没错。如果定的目标、提的需求满足了 SMART 原则，你基本上就是一个聪明的人了。"妈妈笑着回答，"SMART 原则，是以首字母缩写组成的，代表以下五个要求：

（1）S代表'具体'（Specific），指目标必须具体，不能笼统。

'我要学理财和投资'这个目标就太笼统了。理财的范围很宽，有消费控制、储蓄、保险、风险管理、投资、债务管理、税务、传承等多个方面。投资也包括基金、债券、股票、外汇等等多个类别。

目标太宽泛、太大，不能给人以方向性的指导。再想想射箭的场景，如果前面靶子很大很大，但就是没有一个中心点，你朝哪里射好呢？所以，你得给你的靶设置一个靶心。

想一想，你的目标应该怎么改？"

"嗯，要缩小范围……"我想了片刻，回答道，"我想学投资基金。"缩小范围后，方向的确更清晰了。

妈妈继续解说下一个字母："（2）M代表'可度量'（Measurable），指目标是量化的和行为化的，为了验证目标是否完成，我们可以找到数据和信息的支持。

'我要赚很多钱'这个目标不够量化，到底多少钱算很多钱呢？一百万？一千万？还是一个亿？

'我要多读书'这个目标也不量化，改成'我要读10本书'就量化了。当读了十本书以后，验证目标是否完成就有'十本书'这个数据来支持。

那么，咱们回到你的目标'我想学投资基金'，怎么样把它量化呢？你达到什么样的标准，就算达到目标了呢？"

"我想学投资十个基金？我想学投资五万元的基金？……"说完，我也觉得自己说得不靠谱。

"呵呵。说错了没关系。因为你还不了解什么是基金，的确不容易量化。当你不知道怎么量化的时候，你可以先问问其他懂行的人的建议。你可以问：'我想学投资基金，我现在还什么都不会，从哪里开始好呢？'记住：任何时候，你都可以向他人寻求帮助和指导。不要闷头独自思考。"

"嗯嗯。那么，妈妈，我想学投资基金，我现在还什么都不会，从哪里开始好呢？"我现学现用，厚着脸皮问道。

"小鬼头。"妈妈笑着说，"你可以先去了解什么是基金、有哪些类基金、不同类别的基金有什么优缺点、如何购买基金、购买基金时需要注意些什么等问题。"

"哦！我明白了。那我的目标可以量化成'我想了解投资基金的五个问题，这五个问题分别是……'。"我说。

妈妈拍手称赞："真聪明。就是这样。目标的量化不一定是纯粹的数字指标，也可以是这种行为指标。当你能够回答这五个问题，这个目标就可以算是完成了。"

"字母 A 又代表什么？"我问。

妈妈："（3）A 代表'可实现'（Attainable），指目标不是天上的月亮，怎么够都够不到，必须是在付出一定的努力后可以实现的目标。目标不能订得过高，完成不了；也不能订过低，太容易完成起不到激励的作用。

如果把目标订成'我要成为投资基金的专家'，对目前的你来说，就不可能实现。因为基金投资牵扯到宏观、微观经济和人心，非常复杂。

如果目标改成'我要了解什么是基金'，又过于简单，一两个小时就搞明白了。

现在你这五个问题的目标作为短期目标刚刚好，尤其是'不同基金的优缺点'和'购买基金时需要注意些什么'这两个问题，可以研究得比较深入些。

（4）R 代表'相关的'（Relevant），指与其他目标必须相关。'了解基金五个问题'作为短期目标，与'学习理财和投资'这个长期目标非常相关，是实现长期目标的其中一步。这样你的努力才能一直积累下去，不会和兔子一样常常拐去其他方向，而是像那只乌龟一步一步朝终点前进。

（5）最后，T 代表'有时限'(Time-based)，就是目标必须有明确的截止期限。'了解基金五个问题'这个目标是这个星期内完成呢？还是一个月？一年？十年？目标没有完成期限或者期限太久，会对行为失去了限制，没有意义。"

"哦！原来订目标也有这么多诀窍呀！"我高兴地说着，"我要在一个月内了解有关基金的五个问题。果然，有了明确目标后，我立刻就明白接下来应该怎么做了呢！ SMART 原则真的可以让我变得更加 Smart 呢！"

妈妈："SMART 原则不仅仅适用于订立目标。当你要给别人安排工作的时候，SMART 也能让你的要求更清晰，降低信息传输中的误解和错漏。菲佣 Bella 放假回乡，家里没人做家务，于是决定请个钟点工阿姨。那位阿姨一进家门，我就跟她说：'家里的清洁就交给你啦'，然后转身带着你们姐弟俩出门逛街去了。

过了三小时回家一看，怎么那位阿姨在抹窗户啊？衣服没有烫、车也没有洗、浴缸没有漂白。我心里就不乐意了，觉得这个阿姨怎么回事儿呀？可是，清洁阿姨也不开心啊。你又没有告诉我，衣服要烫、车要洗、浴缸也要额外漂白。我就只好按照平日里在别人家工作的情况来做啦。你说，这是谁的问题呢？"

我指着她哈哈笑："当然是你的问题！"

妈妈："那么，根据 SMART 原则，我应该怎么改呢？"

"嗯……要具体、量化、可实现、相关、有时间限制"我掰着手指一个个要点想着，"具体，就是限制范围，要烫衣服、洗车、彻底清洗卫生间、拖地；量化的话，就是烫几件衣服，洗一辆还是两辆车，卫生间里，马桶、浴缸、洗手盆和化妆镜都要清洗到，浴缸还要漂白；拖地需要楼上楼下都要拖到，还要拖两遍，一遍湿的，一遍干的。奶奶老是抱怨菲佣只拖一遍地，不够干净；可实现，就是能不能在限定的时间内完成；时间限制就是三小时。三小时，事情会不会太多了？做不完这么多吧？要不要减掉点？"

"太棒了！你一次就全学会了。"妈妈满脸堆笑，"所以，在用SMART原则整理思路之后，你自己就会发现目标设定中存在的问题。调整之后，你的要求会更加可行，也让人更容易理解和接受。"

2. 筑梦之旅

妈妈继续滔滔不绝地说着："除了短期目标，你还需要更长远的、更鼓舞人心的梦想。你的每个短期目标，都应该围绕这个梦想而设定。

想一想，你的梦想是什么？你为什么想完成它？你想什么时候完成它？完成后你会有什么感觉？你现在已经完成了什么目标？要完成这个目标，未来还需要做什么？做这些事情都需要花多少时间？"

"哈？！好难哦！"这么多问题，听得我头都晕了。我不禁哀嚎起来。

"哈哈哈。一件看上去复杂困难的事，只要开始做了，就会变得越来越容易。做的时候，思路会逐渐清晰，如拨开云雾，总会走出一条道儿来。到时候你会发现，那些困难都是纸老虎。一味想象不动手，只会放大你的畏难情绪。"

我摇摇头："还是很难！问题太多了。不知道怎么下手。"

"梦想是什么？梦想是你内心的渴望。闭上眼睛，想象一下，未来的你非常非常快乐，感到很幸福。"妈妈的声音低沉温柔，如在催眠。

我听话地闭上双眼，想象着我非常快乐，非常幸福。

"画面中有什么？"妈妈问。

"暖暖的阳光、蓝天白云、大海碧波，还有一群群海鸥……嗯。我在一艘游艇上。"我忍不住幸福地掀起嘴角。

"你正在做什么？"妈妈问。

"玩。"我答。

"玩什么？"妈妈问。

"躺在甲板上晒太阳。"我答。

"玩什么？"妈妈问。

"看看不同国家的风土人情，吃吃不同地方的小吃美食，拍拍照，聊聊天，逛逛街。"画面美好地让我忍不住扯着嘴笑。

"这样的生活会让你觉得很幸福吗？"妈妈问。

"是的。很幸福！"我的嘴角扬得越来越大。我看到自己正在一片鹅卵石铺就的广场上和一群人跳舞。

妈妈打断我的想象，让我睁开眼睛，继续问："这样的生活，我也很想要呢。但是，怎么才能达到呢？"

"有钱。"我肯定地回答。

"有多少钱？"妈妈问。

"就是你说了很多遍的'达到财务自由，被动收入要超过我未来日常的开支，让我能不再为生存所累，过我真正喜欢的生活'。"

"没错。这就是你的梦想。不是吗？"妈妈问。

"哦！是呀！没错儿！这就是我的梦想。"我愈发肯定。

妈妈："你看。我们已经解决了第一个'梦想是什么'的问题。第二个问题'为什么要完成这个梦想'，很简单，因为你想要幸福和快乐。第三个问题'完成后你会有什么感觉'，你刚刚已经体验过了。第四个问题'你现在已经完成了什么目标'，你正在学习搭建被动收入的方法，你已经学习了如何控制消费、加强储蓄、学习了复利、记账和预算、还有储蓄的不同方法，你还存了一笔对孩子来说不小的本金。我们只剩下最后两个问题。你看，一旦做起来，并没有想象得那么困难，对吗？"

是哦。原本一团迷雾，乱七八糟好多个问题，怎么一下子就只剩两个了？果真只要行动起来，一切困难都是纸老虎吗？我不禁挠头困惑着。

妈妈："我们刚刚采用的方法是'冥想法'或者'可视法'。通过直觉和想象，把抽象的概念具象化，变成一个个直观的画面。你以后可以时不时想象一番，这样就会更有动力。尤其是当遇到阻碍或挫折的时候，这种冥想会给你克服困难继续前行的力量。"

3. 画一条时间轴

我问："最后那两个问题怎么办？——未来还需要做什么？做这些事情都需要花多少时间？"

妈妈再次拿出她的法宝——纸和笔，边画边说："我们可以画一条时间轴，在末尾点个点。左边代表现在，右边代表将来的某个时间。你想在多少岁达到你的梦想？"

"大学毕业多少岁？"我问。

妈妈："如果你和我一样要读硕士的话，差不多 25 岁毕业，如果要读博士，那就再加 3 ～ 5 年。"

"那岂不是要等到 30 岁？好老哦！"说完，发现妈妈脸色不善，我立刻转口风，腆着脸说，"妈妈你不一样！你是独一无二的。三十多岁依然和二十多岁一样容光焕发。"

"别打岔。"妈妈板着脸说，"想什么时候实现梦想？"

"35 岁？硕士毕业后，给自己十年时间拼搏赚钱。"十年虽然久了点，我活了这么久才十几岁，但是，看到爸妈这个年纪还在天天忙着，还是别说得太早了，不然遭人骂。

妈妈点点头："嗯。梦想很美好。就先这么定吧。"她在最右边的终点写下数字 35，又继续说："通常，我们想象中的追梦之路是一条又平又直的直线。但是，现实中，却往往是高高低低的曲线。我们会遇到各种阻碍、陷阱，需要用到不同的解决方法，需要在困境中不气馁不放弃，顺境时不骄傲不满足继续努力，经历过一个个低谷，翻越过一座座高山之后，才会达到最后梦想的终点。"

看着这张图，我也有些感慨。人生也许就因为这曲折波澜才会分外精彩吧。我的人生将会是什么样的呢？拭目以待吧！

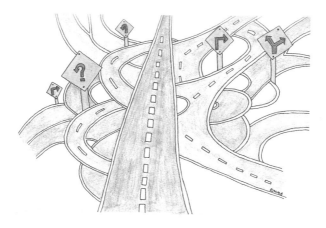

理想与现实的梦想时间轴

　　"我们准备得越充分，思考得越周全，在遇到挫折和磨难时，我们度过得才越从容。"妈妈顿一顿，又说："你看中途的这一个个小旗帜，就是你的短期目标。我们把大的梦想分解成一个个比较小的、容易实施的短期目标，每个目标根据 SMART 原则拟定，并设定截至期限，标在这个时间轴上。"

　　"我没走过这条路，怎么知道怎么走呢？不知道怎么走，怎么设定这些短期目标和时间点呢？"我困惑着。

　　妈妈说："还记得吗？任何时候，你都可以向他人寻求帮助和指导，不要闷头独自思考。去，去问问走过这条路的人，让他们给你些建议。多问几个人，不同人会有不同的答案。"

父母偷偷学

和孩子一起把上一章节讨论的目标按照 SMART 原则修改一遍。和孩子讨论他的梦想。

那个晚上，我又做梦了。梦到学校举办运动会。在跑道上，很多个一模一样的我并排跑着，快到终点的时候，所有的我，合体成了一个巨大的我。周围的同学们都被我的巨人模样吓趴下了。我得意地哈哈大笑。

有人推我。我睁开眼睛，看到弟弟的胖脸凑在我跟前。他问："Are you crazy？你疯了吗？）Why are you laughing？你为什么在大笑）。"

我白了他一眼，推开他起身："小·胖子，我的快乐你不懂！"

接下来的日子，忙碌而充实。每天在并行跑步变巨人的激励下，我一个人同时干几个人的活儿。

两个星期下来，突然觉得好累好累。到了周末，疲倦得动也不想动。

爸爸看我在沙发上葛优瘫，浑身没力气，问："你这是怎么啦？"

"我觉得好累啊！不想动！我想做很多事情，可是就是累得不想动。"我无精打采地说。

"一大早的，什么都没干呢？怎么就累着了？昨晚上没睡好？"爸爸疑惑道。

　　"我每天同时做好多好多事情。很多事情都想同时做，很焦虑，就怕一停下来会浪费时间。"我说。

　　"说说看，你都做哪些事情了？"爸爸问。

1. 事情永远忙不完

　　我吧啦吧啦开始数起来：

　　"（1）读书啦。中学功课比小学功课多好多、也深好多。除了中文课以外，其他还都是英文教学。所以，我要花很多时间去做功课。

　　（2）学校的电视台的工作。要做每周两次的节目，要想题材、找素材、组织台词、播讲，还要剪辑。这么多工作，只有我和另外一个人搭档。

　　（3）音乐剧的排练。

　　（4）画画课。

　　（5）英文课。

　　（6）班主任病了，我们要去探病，我在做心意卡。

　　（7）嘉恩约了我去她家里一起做功课。

　　（8）阿媛约大家周末去唱 K。

我的哈利波特小说还没看完，还想看柯南的卡通片，还有《大航海时代》的手机游戏，总之有好多好多……永远也忙不完。"

"我也有同样的感受。工作、家庭、爱好、社交，每一项都有很多事情做，时间总是不够用。"难得一次，爸爸没有直接开口批评，而是认同了我的感受，"尤其是现在有了智能手机，刷一刷朋友圈和脸书，时间哗的一下不见了。希望一天有 36 个小时才好。"

我叹了口气，说："可是，时间是最公平的，无论贵贱，每个人的一天都只有 24 小时。"

"是的。时间这么少，事情那么多，怎么办呢？"爸爸说，"我们只有在其中做出取舍。做重要的、有价值的事情，放弃没有价值的事。"

我预料到爸爸又要开始说教，急忙堵着他的话头："我知道！除了学习，再学习，其他的都没有价值，都不要做！"

"哈？！这次你猜错了。我可不是这么认为的。"爸爸轻笑。

嗯？我狐疑地看着他。

"我们做每一件事情，都是因为这件事能给我们带来好处，我们才会去做，对吗？"爸爸问。

我不明白他的意思。去做的每一件事都能带来好处吗？

爸爸解释说："这些好处，有些是让我们成长的，如学校学习、工作职位升迁、获得画画、唱歌方面的技能；有些是让我们更健康的，如运动、减肥；有些是让我们物质上更好的，如赚更多的钱；有些是让我们情感上得到愉悦的，如吃美食、逛街、看电视剧、旅行等。就算是抽烟喝酒，也是因为它们能带给我们快乐，大家才会去做的。是吗？"

嗯嗯。这下我明白了。

"我们可以把这些事情给我们带来的好处，称之为'收益值'。"爸爸继续说着，"有些事情的收益值高，有些收益值低。"

我点头同意："我们要去做收益值高的，少做收益值低的。"

"不对。"爸爸摇摇头，"打刺激的电动游戏，看搞笑的综艺节目，会让你非常快乐，它们是属于情感收益值非常高的，我们是不是要多做呢？"

我摇头："那怎么去选？"

2. 什么才是真正有价值的

"除了看这件事情带来的收益值，我们还要看过了一段时间后，这个收益值还剩下多少。"爸爸说。

"过一段时间后，还剩下多少？"这是什么意思？我挠挠头。

"看之前得到的收益，能不能持续下去，产生长期的效果。"爸爸说，"打游戏、看综艺节目，当时让我们非常快乐。可是当这个活动结束后，这种快乐就结束了。喝酒和抽烟也是。这种快乐无法持续。"

"哦！是哦！"我从来没有从这个角度想过。

"你妈跟你讲过很多次'滚雪球'和'复利'，雪球要想越滚越大，前提是前面做的事情必须能够积累和持续下去。如果雪花落到地上立刻就融化了，如何才能做成雪球？"爸爸带着惯有的微微嘲讽的语气说，"很多人一辈子都没有明白这个道理，总是不断从零开始做。看似很努力，却总是走不远，因为他们做的事情无法积累下来。我们把这种收益随时间衰减的速度，叫做'收益半衰期'。[1] '半衰期'是物理和化学里面的概念，你学过没有？"

我摇头："还没学过。"

爸爸说："半衰期指的是某种特定物质的浓度经过某种反应降低到剩下初始时一半所消耗的时间。我们做的事情，有的收益半衰期长，有的半衰期短。根据'收益值'和'收益半衰期'两个指标，我们可以把所有事情分个类，放入上下左右四个象限"。

"你看，咱们平时最喜欢做的，都是图中左上角'高收益值、短半衰期'的事情。因为它们比较容易做，也能带来很高的愉悦感。"

我点点头，好像真是如此。

---

① 收益值和半衰期的四象限法分类，出自采铜的《精进》

高收益值

看综艺节目
玩电子游戏
吃自助餐到扶墙出
买当季的衣服

独创性的构思与发明
学到思维技巧
与成功人士谈话
获得高峰体验

短半衰期 ←——————→ 长半衰期

逛朋友圈脸书
追肥皂剧
看娱乐八卦
参与网络骂战

背单词、背诗
读经典著作
重复练习一项技能
反思、总结个人经历
持续运动保持健康

低收益值

收益值与半衰期四象限

"接下来，我们会比较喜欢做图中左下角'低收益值、短半衰期'的事情，因为它们尽管带来的愉悦感不怎么样，但是同样比较简单，容易完成，不需要付出太多辛苦。"

我又点点头。

"我们做得比较少，做得不情不愿的，是那些需要长期付出努力的'低收益值、长半衰期'的事情，比如每天练钢琴、背单词、读长篇经典名著。如图中右下角。"

我不好意思起来，感觉爸爸说的就是我。

"至于图中右上角的事情，能够带来'高价值感、长半衰期'，大家都想去做，但是大多数人不具备这个能力。不是每个人都能够发明创造，领会到新的思维方式。大多数人一辈子都无法获得高峰体验。高峰体验，就是获得巨大的成就感。也不是每个人都能够有机会与成功人士交谈，不是打个招呼这种交谈，而是对一件事情深入的交流，让你有体悟有成长的那种交谈。"

"嗯。"爸爸接着说，"短半衰期的事情，收益消退得太快，没办法积累。就像沙子不断地被我们抓在手里，又很快从指缝间滑落一样。而长半衰期的事情，可以累积和叠加。就算每一次的收益很小，微乎其微，比如每天只背 5 个单词，只练 15 分钟钢琴，但是长此以往，就能成为你未来成功的一小块踏脚石。现在你明白要怎么选择了吗？"

我回答："尽量多做'长半衰期'的事情，少做'短半衰期'的事情。"

"没错。所以，在你去做一件事情的时候，先要用这两个指标想一想，它处于图中的左边还是右边？上边还是下边？不要老贪图高收益值，高收益值的事情，要么可遇不可求，要么就是短半衰期的，如沙子一般会从你手里滑走。收益值的高低不重要，只要不是短半衰期，能积累，就可以去做。也不要只盯着'高大上'的事情去做，看不起小事。只要长期有益，日积月累之下，小事也能累积成大的收益。"

3. 生活的快与慢

之后，我仔细梳理了一下手头要做的事情，沮丧地发现，我想做的大多数都是高收益值短半衰期的事情。再看回那些长半衰期的事情，我深深地叹了口气。大道理，我也明白呀！可是，如果未来只有这些需要长期投入却只有低收益的事情，感觉天一下子变得灰蒙蒙了。

听我在那里长吁短叹，走过的妈妈停下来问："有什么烦心事呀？"

我简单复述了爸爸的理论，描述了一番我那灰蒙蒙的未来。说完，忍不住又叹了口长气。

"你爸爸说的很对。不过，凡事都有个'度'的问题。读书、学投资、工作赚钱、做事业的确重要，但是应该处于第二位，生活本身才是最重要的，应该放在首位。不能为了所谓的成功、事业，而影响了健康和生活，这样就本末倒置了。"妈妈说。

"对对对！"我的头点得跟捣蒜一样，嬉皮笑脸道，"还是妈妈最智慧。"

妈妈继续："你可以每天留一段时间给那些高收益短半衰期的事情，例如，周一至周五晚上一小时，周六周日上午、下午和晚上各一小时，其他时间就做长半衰期的事情。反过来也行，规定每天几个小时必须做长半衰期的事情，做的时候专心做、快速做，做完，剩下的时间就随便做你爱做的事情，发呆、闲晃，玩手机游戏，都行。"

劳逸结合，生活中的断舍离

"你们说的都不一样，我要听哪一个？能不能只听你的？"我问。

"你爸爸讲的是重点做哪些事情的问题；我讲的是劳逸结合、平衡节奏的问题。三个人说的都对，但要综合了来做。"

"怎么综合？"我问。

"之前，咱们树立了'35岁前实现财务自由'的梦想。根据这个梦想，我们需要倒推阶段性任务，从而绘制出梦想时间轴。你有什么进一步想法吗？"

"嗯嗯。我大概列了一下。你说财富有两架马车，一边是工作或事业，一边是投资。通过工作或事业赚取本金，给投资持续输入动力。一边是投资，越早开始越好，利用复利，让时间给我们惊喜。这是两条互相不太干扰的路线，可以并行前进。

我先采用头脑风暴来穷尽两条路的任务清单。

第一条工作之路，我要努力学习学校的知识、考大学。阶段性目标就是中学五年级转去国外读、考大学、考研究生，如果有兴趣，就继续读下去，否则就找一份工作，跳槽升职加薪；

第二条投资之路，我要努力跟妈妈学习投资的知识，学习投资相关的每个模块，尝试投资积累经验，阶段性目标可以是不同的知识模块。其中，努力存钱，也是一个不受干扰的任务。也可以提前到现在一起来做。"

妈妈赞许地笑着："真棒。每个阶段目标，还可以再细分成不同的关键时间点。而且，每个节点，都要想一想如何验证自己是否顺利完成了任务。用 SMART 原则，制订出量化的考核标准。"

妈妈："工作之路，比较简单，每个学期都有期中期末考试，这些考试结果就是你的量化考核指标。你可以确定一个目标，比如主科全部得 A？平日就朝着这个目标努力。因为要出国读书，你还得从现在开始就更努力学英文。你也可以找一套系统的英文考试体系作为你努力的检验标准。"

"能不能有一个 B?"我讨价还价。

妈妈没搭理我，直接跳入下一个话题："投资之路，要检验成果，就复杂一点。你可以学完一个模块，试着模拟操作一下，看投资的结果如何，总结经验教训。"

我："哦。"

我们每天总是忙这忙那，有的是被要求做的，如老师安排的功课；有的是不得不做的，如帮忙照顾弟弟；有的是为了梦想，如学投资；有的是自己想做的，如打游戏；有的是亲朋好友邀请你做的，如和同学们一起参加派对；还有一些是不知不觉做了，如等同学们集合一起吃饭，刷朋友圈和脸书，在微信上和人进行无关紧要、也无所得益的闲聊……

这些事情，总是在不知不觉中消耗掉了我们的时间。这时，就要用爸爸的方法，选择其中'长半衰期'的事情来做。其实，为完成梦想时间轴上的阶段任务而做的努力都属于长半衰期的事情。此外，你喜欢的画画、音乐剧、阅读著名的小说，比如现在你喜欢的哈利波特，曾经爱看的皮皮鲁鲁西西，这些都能让你的某项技能持续提高。因此，长半衰期的事，并不全都是灰蒙蒙苦哈哈的事。这是帮助你在众多杂事中快速做出筛选的好方法。"

"也是哦。"我的心情由阴转晴了。

妈妈："最后，就轮到我的方法登场了。具体到每一天，我们必须留一部分时间为梦想而战，留一部分时间给长半衰期的事，剩下再留一部分时间给我们自己，体会与家人相处、欣赏一部电影、参观一个画展、享受一次冬日的暖阳、一场海边的风……快速高效地努力，慢慢地享受生活。这样，你既可以因为有目标有成长，而充满斗志与憧憬；也会因为享受每日的慢时光，而不会错过沿途的风景。这种快与慢的切换，需要智慧，也需要时常平衡和调整。"

听上去很难。"我做不到怎么办？"我问。

妈妈笑着说："不用要求完美，慢慢来。错了方向的努力，速度再快也是徒劳。只要朝着对的方向，今天靠近一点，明天再近一点，就比原地踏步，或者越离越远，要好很多。"

父母偷偷学

根据之前讨论的梦想，和孩子一起绘制梦想时间轴。

和孩子讨论，身边的事，哪一些是短半衰期，哪一些属于长半衰期。

第·六篇 投资心·法

CHAPTER 22 钱生钱的第一堂课

　　这个周末，做完功课，闲来无事，眼瞅着妈妈拿出一副500片的拼图，即将开始长时间作战。我急忙上前拦住她，问了我心中盘桓已久的问题：

　　"妈妈，我已经知道什么是复利，明白本金、时间、收益率和年计息次数会影响最后的结果。我也学会了记账和做预算，了解了储蓄的各种方法。如今，我设定了35岁前实现财务自由的目标，正要像一只乌龟一样朝着这个目标不断前行。两条并行的梦想时间轴，读书工作这条路很明确，我知道怎么走。可投资这条路……你什么时候开始教我呀？"

　　"呃……"妈妈无奈地放下刚打开的拼图盖，"好吧！今天就给你讲一讲吧。"

　　"嘻嘻。"我搬来小板凳，拿出纸笔，头扬起四十五度角，做出仰慕状，"我准备好了，快开始吧。"

　　妈妈清了清嗓子，说："要学习投资，得先分清楚投资这条路和工作这条路有什么分别。"

"工作是主动收入，你要花很多时间和精力去做。一旦停止了工作，就没有了收入。而投资是被动收入，靠钱生钱。一旦你搭建了被动收入的体系，就会自动产生收入，不用你再投入太多时间和精力了。"我抢答道。被动收入的概念和好处，从小·到大，妈妈已经讲了无数遍啦。耳熟能详这个成语，就是这个意思。

妈妈说："没错。工作是用时间和精力来换钱，当然不仅仅是钱，工作也能带来成就感，满足社交和成长的需要。时间、精力和钱是交换关系。而投资是用钱来生更多的钱，没有亏损的话，钱会越来越多，是递增关系。很多人一辈子都不会投资，所以，等他们退休后，不再能工作了，就只能靠工作时存下的钱养活自己，钱会越来越少。投资则不然……"

"嗯嗯。这个我明白。"我插嘴道，"请直奔主题。"

1. 为什么很多大人不学投资

"这个道理非常简单，可是，为什么很多人一辈子就是不会投资呢？"妈妈问。

是呀。这么简单的道理，我都明白，为什么很多人一辈子就是不会投资呢？不会就学呗？为什么不学呢？我摇摇头，表示不知。

妈妈指指在厨房煲汤的奶奶，说："你去问问奶奶，她为什么不投资？"

"好！"我倏地站起来，跑去厨房，椅子与地板摩擦出刺耳的响声。

"哈？！投资？我不懂啊。我去投资的话，辛辛苦苦攒下的钱，都会亏光啦！"奶奶听了我的问题，直摇头。

"不懂可以学啊！"我继续问。

"我年纪都大啦。学不会了。"奶奶直摆手。

回到客厅，看到妈妈已经开始拼拼图了，她说"采访不同的人同一个问题，非常有意思。你会发现大家各有各的想法。"

"好吧。谁让我是弱势群体呢。"我只好转向另外一个目标——菲佣Bella.

"Investment（投资）？I don't have money(我没钱投资呀)."菲佣Bella听了直摆手。菲佣Angel也是同样的理由。她说："I have to pay my daughters' tuition fee(我要付我女儿们的学费)."

我打电话给外婆，外婆说："我年轻的时候，谁懂这个呀！识字的人都不多。"

大表叔也是我的采访对象。他说："我学的是医，又不是金融，我怎么会投资？"

回到客厅桌前，妈妈的拼图已经完成了四周的边框。她果然立刻就停下了手头的活儿，转过身对着我，说："他们的想法都很典型。很多人拒绝学投资，就是因为这几个理由：

（1）投资风险太大，怕亏；

（2）工作太忙了，没时间学；

（3）我没钱，没办法投资；

（4）只有学金融的人，才会投资；

（5）周围的人都不懂，不知道怎么去学投资。

你觉得这些理由怎么样？"

我想了想，说："嗯……第一个理由，风险大不大，我不清楚。第二个理由是没有时间，挤一挤就有啦。就像之前爸爸教的方法，放弃掉一部分短半衰期的事情，一定能挤出时间。"

　　妈妈："没错。这也是我在正式教你投资之前，让你学习目标管理和时间管理的原因。只有目标对了，学会了在事情上的断舍离，你才能朝着对的方向、争取到更多的时间来学习投资。"

　　"第三个理由是没有钱。要多少钱，才能开始投资？"我问。

　　"很多不了解投资的人，都有误解，以为手里至少要有几万或几十万，才能开始投资。事实上，小有小的投资，大有大的投资。小到100元也能开始。大则几亿几千亿都行。而且，学习期都是通过小金额的投资来逐步积累经验的。本金少，更要提早投资，让时间和复利来弥补本金的缺陷。"妈妈说。

　　我继续："第四个理由是只有学金融才会投资。这也是借口。不去学金融，自然就没学过。去学了，自然也就学过了。"

投资有风险，入市请小心

"哈哈。你也会说这么有哲理的话了。"妈妈笑了，"现代教育体系，把不同的知识归入不同的学科，人为地设定了界限。其实，文史哲一家，物理化也相通。会投资，不必一定需要拿个金融的学位。就算没有读过大学，你在家自主学习，依然可以学会投资。"

我："第五个理由是不知道去哪里学。这也是借口。主动去找，总能找到途径的。"

妈妈点头称赞："说得很好。世上无难事，只怕有心人。在现在社会，有互联网的帮助，信息非常容易获得。所以，只要你想学，你总能找到方法和途径。在如今这个社会，依然还有很多人用这个理由来拒绝学投资。其实，他们最担心的是第一个理由——投资风险大，怕亏。"

2. 投资，你到底投的是什么

我问："投资风险到底大不大呢？你说过，收益率越高、风险越高。"

妈妈："一般来说，的确如此，当一项投资风险比较高，很容易亏损的时候，人们就要求有更高的收益率来补偿。要想知道投资到底有多大的风险，就必须先搞清楚我们投资投的到底是什么。"

"投的到底是什么？这是什么问题？买股票，不就是投资的股票？买房子，不就是投资的房子吗？"我疑惑道。

妈妈笑了笑，说："很多人也是这么想的。股票就是股票呗，价格上上下下的。房子就是砖头呗，买了就等着涨。一般人很少会去想这些东西背后到底是什么。为什么有的会涨，有的会跌？这些投资品的风险点在哪里？哪些风险能够接受？哪些风险不能够接受？因为不了解，所以会主观地认为，凡是投资，风险都很大，都有可能亏很多钱，所以还是不要碰的好。安安稳稳，工作存钱，这样最稳妥。"

"那，我们到底投的是什么呢？"我问。

"我们把手里的现金转化成有价的资产，这个过程，就是'投资'。

通过投资，我们希望能够获得比存银行更高的收益。这么说，你明白吗？"妈妈怕概念太深，我无法理解，停下来等我点头确认后，继续说："哪些是'有价资产'呢？通常我们可以分成下面五类：

第一类是债权类。这是我很喜欢的投资类别。简单来说，就是别人向你借钱，约定什么时候还款。到期前，支付你约定的利息。到期后，还你本金。你借给这个人或机构，是相信他们会履行与你的约定。这种投资，投资的是'借款人的信用'。你投资个人债，借钱人就是个人；投资企业债，借钱的就是企业；投资国债，借钱的就是国家。"

"哇塞！国家也会借钱？借钱给国家，听着好酷呀！"我顿时觉得做个有钱人倍儿爽。

"是的。国家要兴建铁路、投资学校、支付警察消防员的工资，样样都需要钱。钱不够的时候，国家会向公众发行国债借款。你觉得国债的风险大不大？"妈妈问。

"国家应该会还钱吧。如果国家都不还钱，我也不敢学投资了。"

"有些国家真的会不还钱。"妈妈促狭道。

"哈？！"我的三观要被重塑了。

妈妈："国家不还钱，通常出现在战争或者政治动乱时期。旧政府被新政府推翻，旧政府借的钱，新政府不认账了。长期稳定的美国、中国这些大国的国债风险就很低。但是南美洲的阿根廷，自 1827 年以来，主权债务违约就高达 8 次。如今，阿根廷国家债的信用评价等级仍然属于较低的。"

妈妈："一般来说，国家的信用高，所以它的利率比较低。之前，我们讲复利的收益率和久期时，查到的一年期银行定期存款利率是 3.25%。现在，美国十年期国债利率只有 2.84% 左右，比咱们的一年期银行定存利率还要低。国内的十年期国债利率只有 3.54% 左右，只比一年期定存高一点点，比五年期的银行定存利率 4.75% 要低一些。"

"比五年期定存少那么多，为什么还有人买十年期的国债呢？"我问。

妈妈："这个以后我专门教你债券的时候再讲。"妈妈接着说，"国家的信用高，收益率就低。企业债呢？投资的是企业的信用，看企业会不会遵照约定支付利息和本金。根据不同企业的经营状况，风险不同，收益率也有高低。信用等级高的企业，风险比国债高一些，但比其他信用等级差的企业要低，利率就会比国债高一点，比其他信用等级差的企业低一些。信用等级差的企业，就需要支付更高的利息，才能从市场上融到钱。

个人借款，风险更大，自然利息就更高了。

所以，债权类的投资，不能看利率高就去买。因为高利率的背后，是高风险。而且是损失本金的风险。也就是说，债权类投资，一旦发生损失，可能是整笔本金都收不回来。"

3. 躲不了的风险

"呀！风险好大呀。"一想到我那三万块钱的本金，可能因此就收不回来，我的心就怕怕的。

"为什么风险很大？"妈妈问。

"整笔本金都收不回来，风险还不大吗？"我反问。

"你这种想法，就是很多人一接触到投资，一听到可能有损失，就会冒出来的主观反应。说明我刚刚讲的那些，你还没明白。"妈妈叹口气。

我迷茫地看着她："不就是国债、企业债和个人债吗？风险越大，收益越高。发生损失，整笔本金收不回来吗？我听懂了呀。"

妈妈："做什么事情都有风险。吃饭有可能被噎着。会游泳也有可能溺水。随便在路上走，都有可能被楼上掉下来的东西砸死。这几个风险都会致死人命，但是我们会不会因此不吃饭、不游泳、不逛街？"

我摇摇头。

妈妈："投资也是如此。任何投资都有风险。你把钱放银行，银行可能倒闭，这也是本金风险吧。银行不倒闭，通货膨胀也会让你的钱购买力越来越弱，也是风险吧？！就算你把钱藏家里，都有可能被小偷偷走、被老鼠咬掉。同样是本金风险。"

我彻底迷糊了："那怎么办？"

妈妈："投资不是去回避风险，而是要管理风险。"

我："什么意思？"

妈妈："我们知道了吃饭会被噎着，就细嚼慢咽；游泳会溺水，就在游泳前多做热身，泳池边安排两个救生员随时准备营救；知道楼上会掉东西，就对随便乱扔东西的人施以重罚，法律要求屋主定期检查窗户、冷气机是否稳固扎实。"

我："哦！是哦。有问题，就解决问题。不能逃避。"

妈妈："没错。只要我们清楚风险来自哪里，就可以针对性地去应对，把风险尽量降低，并且控制在我们可以承受的范围内，这就是管理风险。"

我："怎么降低风险？"

"这个以后我会慢慢教你。今天就到这里吧。好好消化一下，明天再给你介绍其他的投资类别。"说完，妈妈继续动手拼起拼图来。

"既然躲不了风险，我就迎难而上！"我挥了下拳头，感觉多了些从容赴死的英雄气概。

父母偷偷学

与孩子讨论生活中遇到的风险，以及可以通过什么样的方法降低风险。

第二天是周日，妈妈的拼图已经拼完大半，整幅图看上去像是一个人在踩着单车。弟弟去了游乐场，还没回来，家里异常安静，正是和妈妈认真谈话的好时机。

"妈妈，投资的第一类是债权类。第二类是什么？"我问。

妈妈："第二类是股权类投资，比如买一间在股票交易所上市的公司股票，或者私下协商购买的公司股份。"

我："什么叫股份？"

妈妈："就是把一间公司的所有权分成很多份。就像蛋糕一样，把蛋糕切八份，我们几个人每人手持一份或几份，大家合起来就是整个蛋糕。公司就是那个蛋糕，分成很多股份，有的人拿多一些，有些人拿少一些，大家手里所有的股份加起来就拥有了整个公司。当公司赚钱了，就按每个人持有的比例来分红。当公司亏钱了，手里持有的股份在市场上转卖，价格就会降低。当然股价的波动受很多其他因素影响，这个以后再讲。"

"总之，债权类，是借钱给对方，投资的是信用，即对方会不会履行合约。而股权类投资，投的是未来这家公司的盈利能力。"妈妈一边说，一边打开一个手机APP，里面全是红色绿色各种数字。她指着里面的内容，讲解到："这些都是在股票交易所上市的公司。公司要满足一系列比较高的要求，才能在交易所上市。因此，能上市的公司通常是该行业里比较优秀的公司。通过购买他们的股票，你可以分得他们经营的利润。这是股权类投资的本质。你看，这一栏是他们每一股的价格。"

1. 这家公司是贵还是便宜

　　我："哇！这家公司要三百多块，这一家只需要五块。我们是不是买便宜的，然后等它涨价了，就卖出去？"

　　妈妈："我们的确应该买便宜的东西，等它涨价了再卖出去，赚取价格差。不过，股票便不便宜，可不是看这股价的高低。"

　　我："那是看什么？"

　　妈妈："我们说过，必须清楚地知道自己到底投资的是什么。股权类投资，投的是这家公司未来的盈利能力。看它未来能不能赚钱、赚多少钱。如果它未来的赚钱能力高过我们现在的预期，这个股票就是便宜的，被低估的。相反，如果未来的赚钱能力低过我们的预期，这个股票就是昂贵的，被高估的。"

我："未来的事情，谁说得准呢？要怎么猜？"

妈妈指着其中一个数值说："每支股票都有一个重要指标，叫'市盈率'，英文缩写叫'P/E'。这个指标非常重要，用起来也很简单方便。一定要记住。"

"嗯嗯。"我赶忙拿起笔，记下来。

妈妈："市盈率 = 股价 / 每股盈利。举个例子，你想开一家咖啡店，又不想从头开始，毕竟选址、装修、聘请员工、积累客源这些前期的工作最麻烦，也最容易失败。所以，你打算买一个现成的已经在盈利的咖啡店。跟咖啡店老板谈收购价钱的时候，你会考虑什么因素？"

"这家店赚不赚钱？赚多少钱？"我随口猜了一下。

妈妈："是的。这是最重要的考虑因素。如果这家咖啡店去年赚了10万。你愿意出价80万，买下它。也就是说，如果这家店的盈利能力不变，你等8年就能收回成本。这家店的市盈率就是8。市盈率 = 购买总价 / 去年总盈利 = 股价 * 股数 / 每股盈利 * 股数 = 股价 / 每股盈利 = 8。"

我："哦！明白了。市盈率就是你等几年才能收回成本。"

妈妈点点头："前提是目前的盈利能力不变。因此，当市盈率越高，说明回本期越长，代表股价就越贵。"

我翻着 APP 上的数字："这个市盈率低，才 5。这个这么高，要26！我们是不是就选 5 的，不能选 26 的？"

妈妈："不同行业的情况不同，大家对市盈率的期待也不同。通常传统行业的市盈率低，新经济的市盈率高。当我们拿到市盈率的数字之后，把它与同行业其他企业的市盈率比较一下，是高了，还是低了？与这间公司过去的市盈率比较一下，是高了还是低了？只有经过了同行业横向和自身历史纵向比较之后，我们才有一点点把握说现在这个股价是贵还是便宜。

当然也有可能，公司比较新，历史数据不多，而刚好最近整个行业处于受追捧周期，整个行业的估值都很高。这时，也可以参考这个行业里早些年上市的其他公司的历史估值，或者与其他国家（尤其是成熟经济体）的同行业进行估值对比。

所以，股权类投资，我们投的是公司未来的盈利能力，看这个股票的价格与公司的盈利能力是不是匹配。如果市盈率偏高，说明对公司的估值偏高，投资的风险就偏高。如果市盈率处于较低的区间，说明估值偏低，投资的风险就较低。"

2.　当一名好猎手

我："为什么要 26 年才能回本的股票也有人愿意买？"

妈妈："通常这些高估值的公司都是高增长的企业。今年它的盈利是三千万，因为它在高速成长中，明年可能翻番，变成了六千万。如果市盈率还是 26，那股价就可能也会翻一番。要注意的是，市盈率只是衡量股票价值的其中一个角度。其他常用的估值指标有市净率、市销率、企业估值倍数等。总之，究竟股票是不是值得买，有很多其他因素要考虑。这些以后有机会再讲。"

我："买股票有很多人亏钱吗？跟债权类相比，哪个风险更大？"

"股票的价格波动很大。"妈妈指着 APP 上的波动曲线跟我说，"在交易日，股票的价格每分钟都在上下。今天亏钱了，可能明天又能赚钱。所以，很多人说'股票玩得就是心跳'。我觉得，这句话应该改成'股票玩得就是心态'。"

我："什么意思？"

妈妈："人一焦虑，就容易做出错误的决定。我们说，债券类的投资，一旦发生风险，是本金的风险，可能一笔债完全收不回来。但在股票交易市场上买的股票（私募类另说），今天亏，不代表明天也亏。今年亏钱，不代表明年也亏钱。完全损失本金的可能性较小，是市场波动风险。之前说过，由于上市必须满足一定的要求，比如有一定规模，连续三年保持一定的增长幅度。因此，通常来说，这些企业都是行业的翘楚，盈利有一定的保证。当然也有估值较低的时候买入，之后仍然越来越低的股票，这种情况我们以后再讲。

大多数时候，只要你守住规则，在低估值区间购买，持有并等待至高估值区间，不用理会期间的价格上下，大多时候都是可以赚钱的。那么多人亏钱，就是因为投资逻辑不清晰，很急躁，情绪受价格短期波动的影响太大，而做出了错误的决定。"

我："这么简单的道理，难道大家都不明白吗？"

妈妈："好的投资人，就像有经验的猎人，要懂得安静地等待。有本书里，描写过亚马逊丛林中的一种蟒蛇。① 这种蟒蛇成年后重达300斤，有9米多长。因为太大了，一般食物都吃不饱。它会找到水源旁的一片树荫，守在树下，一动不动。无论是虫子、小鸟或是松鼠从它身边经过，他都不理会，一等就等十来天，动物们都以为那是一根像蟒蛇的木头。直到有一只羊或者鳄鱼经过，它才会像黑色弹簧一样突然窜起，把猎物卷在中间。这顿美食足够这条蟒蛇存活一个月。这个期间，他会继续安静等待下个猎物。"

"哇！好聪明的蟒蛇。"我赞叹道。大自然真是无奇不有。

妈妈："你看，它的方法简单无比：

首先，选择一个猎物经常会去的水源——就像你看中一间好的公司；

其次，潜伏、耐心等待捕猎时机出现——如同等待这间公司的估值降到低价值区间；同时保持专注，不受其他小动物干扰——好似你不受各种市场消息诱惑；

接着，看准时机出手——等到你看中的公司出现被低估的时刻，买入；

---

① 出自古典的《跃迁》。

最后，安静等待下一个时机——持有等待到高估值区域，卖出套利。"

"哦！"我长长地舒了一口。好刺激！好聪明！好猎手！

像蟒蛇一样捕猎

3. 其他几类投资

我久久地沉浸在蟒蛇捕食的画面中，直到门口传来弟弟叽叽喳喳的声音。糟糕，"捣蛋鬼"回来了。我的课程又要结束了。我急急地问："除了债权类、股权类，还有其他什么类别吗？"

妈妈："第三类是房地产投资。这个很容易理解。我们买房子，除了自住以外，还为了收取租金，以及希望过几年房价上涨。房价受到供需关系的影响。

第四类是大宗商品投资。比如原油、有色金属等。我们预估未来半年很可能涨价，就买入持有，赚的也是商品的差价。

理财故事书

　　第五类是外汇投资。比如最近英国受脱欧事件拖累，英镑大跌。我们认为，等事情过了之后，英镑会反弹，就预先把一部分港币换成英镑，等英镑反弹后，再换回来。"感觉妈妈已经有些心不在焉，草草地回答着我。

　　"妈咪……我回来啦！我看到一只蜥蜴！很小很小！是蜥蜴bb。"弟弟人还没进屋，他的大嗓门已经传遍了整个屋子。

　　"还有吗？"我继续扯着妈妈说话。

　　妈妈一边站起身，正要走向门口，听了我的问题，又回答了一句："第六类是保险类。保险很特殊，目的不是赚钱，而是保障。另外还有一些金融衍生品，太复杂了，下次再详细讲。"

　　说完，弟弟的胖身影已经扑了过来。

父母偷偷学

和孩子一起，选择几家公司的股票。看看他们的市盈率是多少？历史的走势如何？同行业的其他公司市盈率多少，走势如何？讨论该公司的估值目前处于偏高还是偏低区域。

　　"债权类投的是信用，是本金风险。股权类投的是公司未来的盈利能力，是市场波动风险。后面那几类呢？投的是什么，属于哪一类风险？"

　　"后面哪几类大多都是赚差价，价格有高低。和股票一样，本金全部没有的几率较低。当然，房子如果买的是期房（还没建好的楼花）除外，国家战乱等这些不可控因素除外。"妈妈顿了顿，说道："其实，本金风险和市场波动风险都不可怕，可怕的是欺诈风险。"

　　"是遇到骗子吗？"我问。

　　妈妈："是的。就是本来说好去投资某个项目，结果资金被挪用去了其他地方，或者干脆被公司收进了自己的腰包，跑路了。这种就是欺诈风险。"

　　"要怎么防范呢？"我问。

　　"简单来说，就是三招：在对的地方，和对的人，做对的事。"妈妈又摆出一副神神秘秘的大师表情。

　　"什么意思？"我问。

1. 在对的地方

"第一招，在对的地方。就是你在哪里买到的投资品。"妈妈解释说，"还记得吗？上个月我们去听演唱会，快进场的时候，有人拉住我们问要不要买票？当时你还问：那是谁呀？他要做什么？"

"记得。记得。卖黄牛票的。"我还清楚地记得那个人穿着深灰色的风衣，鬼鬼祟祟地快速在妈妈耳边讲了几句话。妈妈摇头后，马上转身去了另外一个人处。

"黄牛票不仅贵，还常常有假票。"妈妈说，"如果你去演唱会的官方售票窗口买，会不会买到假票？"

我摇头："肯定不会。"

妈妈："投资也是。无论是哪一类投资品，如果在'标准化市场'上买的投资品，遇到欺诈风险的几率就少很多。"

我："什么是'标准化市场'？"

妈妈："就是一行两会——中国人民银行、中国证监会、中国银保监会——管理下的平台所售卖的产品。比如你在上海证券交易所、深圳证券交易所、香港交易所购买的股票、基金，在银行买的公募基金、货币基金等等都属于标准化市场的标准金融产品。这些平台受到政府的监管，在这里购买，你一般不会遇到欺诈风险。

与'标准化市场'对应的就是'非标准化市场'，比如有公司私下跟你说，投资我吧，你给我多少钱，我给你多少股；或者有个私募基金说，把钱交给我，一年后给你多少回报；一些没有领到资质的互联网金融平台（P2P），说我们会去投某某项目，可能拿了你的钱，转身就去支付比你更早进入的投资人的利息了。不是所有'非标准化市场'上交易的产品都是骗人的，而是遇到诈骗风险的机会比较大。非标准化的产品通常会有比较高的门槛，比如要求投资人拥有几百万才能参与，就是因为它需要投资人拥有更丰富的投资经验，和更高的风险承受能力。"

我："也就是说，除非我已经有了很丰富的投资经验，有很多钱不怕亏，就不要去买非标准化市场上卖的产品？"

妈妈："没错儿。"

我："那对的人，是哪些人？"

2. 和对的人，做对的事

妈妈："股票、债券和外汇等等，如果是自己直接购买，自然不用担心，自己不会欺诈自己，只要控制在标准化市场上购买，就不用太担心。

但如果是要委托给其他人去投资，就需要选择对的人。我说过，投资就是管理风险。就像你们一个班级读书，有成绩好的，也有成绩差的。管理风险也是。都是投资经理，有管理得好的，也有管理得差的。因此，当你打算去投资一个产品的时候，要查一下跟这个产品相关的两类管理人，他们的能力怎么样？过往成绩如何？"

我："哪两类管理人？"

妈妈："第一类叫做'发行人'，简单来说，就是谁在卖这个产品。是银行、信托公司、私人投资公司，还是 P2P 互联网金融平台？这些机构会对产品先做筛选。大型的、知名的、持牌金融机构卖出来的产品，相对而言，风险也会低一些。

第二类叫做'管理人'，就是这个投资产品是谁在进行投资操作。这个管理人以前管理过什么产品，业绩好不好？他的金融专业能力如何？经验丰富吗？"

我："这些信息在哪里可以找到？"

妈妈："万能的互联网。"

我："哦！那对的事情呢？"

妈妈："就是要研究一下卖给你的这个产品，它到底会投去哪里。是买债券呀、股票啊，还是借给房地产公司开发房子去了？一般产品的介绍里都会有，百分之多少至多少投银行间拆借，百分之多少投资债券，百分之多少投资股票。我们之前已经讲过，不同类型的投资品，风险不同。你就可以选择适合自己风险承受能力的产品。"

我听得云里雾里的，似乎听懂了，似乎什么都没明白。

也许是看到我完全不明白的表情，妈妈安慰说："不用急。你先有个概念。投资的经验是要慢慢积累的。你只要记住不用怕风险，不要回避风险。我们对风险越了解，我们就越能把它管理好。"

"嗯嗯。"这个我听懂了。

3. 会骗人的感觉

隔了几息，我以为这次谈话就到此为止的时候，妈妈又突然开口了："很多时候，恰恰是大家都觉得很大风险的时候，就是我们出手的时机了。"

"哈？"我又听不懂了。

"因为大家都感受到了的风险，就会有相应的风险折价。"妈妈说。

我："什么是风险折价？"

妈妈："假设一间公司的股价原本是10元，突然传出了这家公司的坏消息，使得投资这家公司的风险变大。于是，股价跌到了6元。这中间的4元差价，就是这个风险带来的折价。"

我想了想，又觉得好像哪里有点问题。我问："股价虽然便宜了4元，但是我需要承受的风险也大了呀。不是公平交换吗？为什么会是出手的时机呢？"

"风险有分'感受到的风险'和'真实的风险'。能够辨别并利用这两种风险，是成功投资的必要条件。"妈妈回答。

"要怎么分？"我问。

妈妈："这么说吧。如果从香港去你外公外婆家，你觉得坐飞机危险呢？还是做汽车危险？"

我："当然是坐飞机危险啦。一掉下来，全部死光光，太可怕了。"

妈妈："我们做决定不能凭感觉，感觉常常会误导人，要依靠数据和科学算法。由于一旦飞机出事，全世界都在报道，而且出事后，身亡的比例较高。所以，给人感觉坐飞机风险很高。实际上，出事的概率只有 600 万分之一。相反，汽车的车祸非常频繁。因为频繁，且每次出事涉及的人数也不多，所以较少被报道。但是，如果穿越同一个距离，飞机很快就能到，很少出事。汽车需要长时间驾车，中途遇到风险的几率就高很多。这就是'感受到的风险'和'真实的风险'的不同。"

我："有道理哦。"

妈妈："投资也是。这 4 元差价，也许是市场过度反应了坏消息。也许只是受同行业的其他公司的牵连。真实的风险并不一定有感受到的风险那么高。这就需要你依靠经验去辨别。

当牛市的时候，很多股票不断上涨，公司的估值也就越来越高。在这个时候，去观察周围炒股的人，你会发现他们都很乐观，觉得行情很好，股票会继续涨，似乎感受不到风险。但是，之前我说过，市盈率或估值越高，意味着股价越贵，风险越高。这个时候，真实的风险正在越来越高，但人们感受到的风险却越来越低。

当出现大跌市的时候，大家都恐慌抛售手里的股票，非常担心，怕投资亏损，感受到的风险很高。事实上，由于股价不断下跌，估值正在逐渐下降，真实的风险也越来越低。

当'感受到的风险'很高，'真实的风险'却低的时候，人们就愿意用更高的风险折价出让手里的资产，也就是我们可以用更便宜的价格买到'事实上风险'并不那么高的资产。"

"虽然很绕，但是，我听明白了。"我骄傲地说，"不过，这些都需要经验的积累。有没有不需要经验，就能降低风险的方法？"

4. 鸡蛋到底要放进几个篮子里

"有，配置！"妈妈的语气坚定而严肃，似乎在传授什么至高大法。

"很多人都听说过一句话：'不要把所有的鸡蛋放在同一个篮子里。'"妈妈徐徐道来。

我："是的。我也听过这句话。鸡蛋都放在一个篮子里的话，篮子一破，鸡蛋就全打烂了。"

妈妈："很多人都知道这句话，但是却不知道具体应该怎么分散。要选择什么样的篮子？要几个篮子？每个篮子里放几个？不同的篮子功能上有什么不同？有些人为了分散风险，买了100支股票。想着这样总分散了吧？！100支股票里面，总会有一部分跌，一部分涨吧！"

我："没错呀！莫非还会全部跌？"

"呵呵。"妈妈又笑了。我的问题很可笑吗？只听她又问："还记得吗？投资的目的是要跑赢银行利息。100支股票，如果一半跌，一半升。风险倒是分散了，收益却也分散啦。还能跑赢银行利息吗？这种分散是过度分散。"

"呃……"我迟疑道，"也许升得多，跌得少呢？"

妈妈笑了笑，没有继续跟我较真这个可能性，而是重头开始解释："无论是投资，还是工作，我们的目的是为了更好地生活。这一点，时刻都不能忘记。千万不要本末倒置，忘记了初心。"

看我再一次慎重地点点头，妈妈继续说道："所以，我们开始规划投资的时候，首先要确保我们的生活有保障，其次，再考虑投资收益。"

"嗯嗯。这个很重要。怎么确保？"我认同。不能光想着赚钱，饭都吃不饱了。

"有一个简单的分配公式，叫做'标准普尔家庭资产配置法'。"妈妈说着又开始画起图来，"我们应该把家里的钱分散在四个篮子里。

　　第一个篮子，放'要花的钱'，预留 3 ～ 6 个月的日常生活费，用来支付你的衣食住行。如果你突然没了工作，让你有余地周转。这部分金额，一般占家庭资产的 10%，可以放在能灵活存取的货币基金或银行活期存款里，尽管利息较低，但能随时取用。

标准普尔家庭资产配置法

　　第二个篮子，放'保命的钱'，一般占家庭资产的 20%，保障在家庭成员出现重大疾病或意外事故时，有足够的钱来应对。记得我提过第六类投资叫'保险'吗？保险很特殊，目的不是赚钱，而是保障。是用现在的钱来转移未来财务风险的一种手段。买保险，是一种交换，一方提前支付保险费，一方在你发生财务风险时提供财务补助。以后，我们找机会详细来讲。先有个概念：保命的钱，可以通过购买定期寿险、意外险和重疾险来平衡风险。

　　第三个篮子，放'养老的钱'，这个是长期收益的账户，需要在保本的基础上稳定增值。选择那些风险偏低、收益长期稳定，且能跑赢通胀的投资品，如债券、收息股、信托等固定收益类理财产品，一般占家庭资产的40%，用来留给自己养老、支付子女教育费用或留给子女的钱。

　　第四个篮子，放'创富的钱'，这个篮子的重点在于收益，占家庭资产最后的30%，可以选择风险较高的基金、股票、房地产等，搏一个高收益，为家庭创造财富。把高风险的投资限定在一定比例内，同时准备了足够的保障和养老金后，这个篮子里无论盈亏对家庭都不会有致命性的打击，你就能从容面对风险。这样你才赚得起，也亏得起。"

　　我："这有点像我现在的三个储蓄罐：随时取用的零用钱罐就是第一个篮子；梦想罐就是养老的第三个篮子；就是心愿罐没有对应的。"

　　妈妈："没错，三个储蓄罐就是儿童版资产配置模型。从小养成配置习惯，长大后就更容易管理大额财富。你现在还小，没有大额固定收入，还不需要照着做。但是，当你成年以后，开始自己创造财富了，就必须坚持每月往这四个篮子里存钱。

　　因为第一个篮子收益率较低，放进去的鸡蛋太多，生不出多少小鸡来，就浪费了。可以设置封顶限额。单身时最多3个月日常生活费，成家有孩子要赡养老人后，最多6个月的日常生活费。第二个篮子也是如此，购买了足够的保障之后，也无需持续投入。

　　当前两个篮子都满了时，在投资经验较少的时候，建议把相应的比例都挪给第三个篮子。如果觉得投资经验比较丰富了，也有承受风险的能力，则可以按第三和第四篮子的比例分配。

　　注意，像三个储蓄罐一样，每个篮子要专款专用。养老金的钱不能用来买车、装修。不能因为今年市场好，第四个篮子里的股票赚了不少，第二年就把全部钱都投入去买股票。"

5.　分散投资的真正含义

哦。这就是"配置"。这就是妈妈之前说的"把风险限定在一定范围内"。

想想的确如此。如果我有 100 万，有 10 万可以随时取出来花，有 20 万以防万一，有 40 万存着以后养老，只有 30 万去冒险，全亏了也就 30 万，以后再赚就是了。

不过，30 万也挺多的呢。要是全亏了，我还是舍不得。于是，我又问："第四个篮子的风险那么高，还有没有防风险的方法，能再降低些风险？"

妈妈："那就在第四个篮子里，继续分散投资，再细分不同的篮子。"

我："这次怎么分？"

妈妈："之前我们说，有人把分散投资简单地理解为分散买不同的股票，这种方法有可能分散风险的同时抵消了盈利。人的时间和精力是有限的。如果我们投资的项目太多，每个项目就没有精力深入研究。我们应该把精力和资金集中投资在你熟悉的行业和领域。我们要明白自己的能力圈在哪里，不要投资自己不熟悉的项目。投资自己熟悉的项目，风险会远远低于投资不熟悉的项目。

真正的分散风险，不是分散的数量够不够多，而在于投资项目之间是否存在高度相关性。比如，很多人手里买了十几只基金，以为分散了风险。但这些基金投资的标的都是中国上海交易所股票。一旦发生熊市，十几只基金都会一起跌。有人说，我买了房子、股票、理财产品和债券啦，够分散了吧。可是仔细一看，房子是中国国内的，股票买的是国内的房地产企业的股票，理财产品也是给国内房企注资的，债券还是国内房企发的企业债。"

"哈哈哈。"我听了不禁笑了起来，"就像你说的，投资要搞明白自己投的到底是什么。"

妈妈："说得太对了。当搞明白了自己投资的到底是什么，你就会发现这其中存在着高度的相关性。一旦楼市大跌，这些投资房企的股票、债券、理财产品都会受到影响。

总之，我们应该将精力和资金集中在自己熟悉的市场和领域，在不同的地域、不同市场、不同的品种之间构建投资组合，来抵抗单一市场单一品种下跌的系统性风险。这样才能降低风险，效益最大化。"

我皱着眉头说："就是要买不同国家的、不同投资类别的产品，来防止单一产品类别的风险。道理明白了。但是感觉操作起来，好难啊！"

"不用急，你现在最多的就是时间。"妈妈笑着说，"今天就到这里啦。多了，你消化不了。"说完转身去拼拼图了。这块拼图已基本成型，果然是一个戴着太阳帽的女孩在踩单车。

父母偷偷学

和孩子一起找一找"感受到的风险"和"真实的风险"不一致的例子。根据标准普尔家庭资产配置法，反思自己家庭的资产配置状况，第一二个篮子是否足够？第三四个篮子是否需要调整比例？
反思自己的投资标的，是否存在相关性太强的情况，思考分散投资的可能性。

我趴在桌上，看着妈妈拼拼图。时而，自己也动手拼上一块。音乐在房间里流淌，静谧而温馨。"啪！"妈妈拼上了最后一块，"完工！"

妈妈站起身，端详拼图良久，突然说："你知道吗？香港财经作者 Sir 曾经把投资比喻成踩单车[①]。"

"哦？怎么个说法？"虽然打破了美好的氛围，但单车和投资这个比喻似乎挺有趣。

"你看这辆单车，前轮小、后轮大，中间由齿轮和铁链相连。"妈妈指着单车的轮子说，"前轮小，转得快，一踩就能转，一不踩就会停。前轮转动时靠链条和齿轮把动能从前轮传至后轮。后轮体积大，一开始需要用力踩才能转，但只要动起来，运转畅顺后，就能自转提供动力，不需要再额外施力。齿轮有大有小，通过切换，可以调整后轮转动的速度。"

没错儿。但这和投资有什么关系呢？

① "财富单车论"出自香港财经作者诶 Sir 的《收息论》

1. 投资的两种收益

妈妈继续说着："投资有两种收益：一种是购买的资产升值后形成的价格差，俗称'赚价'；第二种是因为持有资产而收到该资产产生的收益，俗称'收息'。

前轮小，转得快，如同投资股票、基金、外币等投资品，赚取差价。钱来得很快，但需要投入很多精力，关注市场、分析形势、抓住时机。很多人一辈子只有细小的前轮，需要不停地踩，才有收入。一旦市场下跌，如前路不平，前轮肯定会先受到伤害，所以，前轮的收入极其不稳定。牛市时赚得多，熊市时亏得也很多。到最后，不知道能收获多少，说不定隔了很多年也不过是打个平手。到老了，依旧要继续劳心劳力。

后轮，一旦运作畅顺，就能自动产生动能。就像那些收息的投资，不断产生收入。聪明的人，应该在努力转动前轮时，不断将力量输往后轮，为日后铺路。"

"和我们说的'存下主动收入，搭建被动收入体系'是一个意思吧？"我问。

妈妈："没错。主动收入强调的是工资收入。这里强调的是投资收益类别。在投资收益中，也分主动和被动的收入。"

我点点头："哦。明白了。前轮是股票、基金和外币这些赚差价的。后轮又是什么呢？"

"后轮是购买能产生正现金流的资产。还记得，什么是'正现金流'吗？"妈妈问。

"收入减去支出，还有剩的，就是正现金流。"我回答得很溜。

妈妈："对。简单来说，不断把钱放进你口袋的，就是正现金流。相反，不断从你口袋里掏钱出来的，就是负现金流。明白了吗？"

"明白了。后轮就是要购买能产生正现金流的资产，也就是能产生被动收入的资产。"我卖弄道。

财富单车论

妈妈满意地笑了笑，继续说："通常我们说的'资产'是广义资产，属于会计学上的定义，只要能以货币单位衡量的经济物品或资源都被称为资产。就像存款、房子、车子、桌子、椅子、古董、黄金，只要产权归属能清晰界定，都可以称之为一个人或一个企业的资产。其中，那些能够带来稳定的、持续性收入的资产，才是好资产。后轮，就是去投资这些好资产。这个明白吗？"

"当然明白，很简单呀！"我不耐烦起来。妈妈老当我是小孩子。我已经中学一年级了。个子都跟妈妈一样高了。

2. 资产还是负债

妈妈意味深长地笑了一下，说："那好。我问你。最近，小明的爸爸做生意赚了一大笔钱。于是他们把原来的旧房子卖掉，换了一所大房子住。他爸买了一辆宝马车。他妈买了点黄金首饰。他们还买了一家公司 30% 的股权，这公司是做智能机器人的，刚成立三个月，产品还在研发。最后，剩下 10 万元现金，买了货币基金。在这个案例里，房子、车子、黄金、公司股权、货币基金都是资产。哪些是后轮应该投资的好资产呢？"

我一边想一边说："房子，不停在升值，是好资产。宝马车，让人更加舒适，但是没有钱赚，不是好资产。黄金首饰和车一样。做智能机器人的高科技公司，以后肯定能赚很多钱，所以，公司股权是好资产。货币基金能收利息，也是好资产。"

说完，我扬起头看着妈妈求表扬。只见妈妈呵呵一笑，说："记住，评判好资产的标准是'能够产生稳定的、持续的正向现金流'，也就是能'收息'的。房子，虽然目前一直在升值，但是只是'赚价'。自己住，不能'收息'。属于自用性资产，黄金也是如此。自用性资产，不能带来现金流，不是后轮要投资的好资产。可以买，但不要买太好的，满足需求就行了，省下钱去投资真正的好资产。"

我皱眉："公司股权总是了吧？"

妈妈："公司刚开业，产品仍在研发，能不能赚钱还不知道。好的资产，是不断把钱放进你的口袋，而负债呢，是不断把钱从你的口袋里掏出来。在前期，公司可能要不断投入去支持研发。所以，不管未来如何，这一阶段，公司股权不仅不是好资产，还可能是负债。汽车也是，不仅带不了收入给你，你却要不停支付油费、停车费、保险费、维护费等等，不是好资产，也是负债。"

"哦！看来只有货币基金是了？"我弱弱地问。

妈妈："没错，货币基金的确算是好资产。不过，收益率太低。属于第一个篮子里的投资品，放我们日常要花的钱。"

"总算有一个对的了。"我舒一口气。表面简单的问题，实际用起来不是一回事儿啊。

妈妈说："是好资产还是负债，这个问题看上去简单，很多人却一辈子都没搞清楚。他们以为自己投入很多钱投资了资产，结果买的都是负债。还记得上海的小琳阿姨吗？她家原本有一个 100 平米的自住房，一家三口刚刚好。这几年，中国楼市兴旺。她家房子从当时买的 200 万涨到了 600 万。房价不断上涨，激励了大家继续买房子。加之工作了十几年，手里有一笔积蓄。就想换一个更新更大的房。于是，她卖了原来的自住房拿到 600 万，又额外再贷款 300 万，才买了如今这套 160 平米的房子。你觉得她的这个投资决定怎么样？"

我回忆着妈妈讲过的内容，用不太确定的语气说："嗯……这是自住楼，带不来正现金流。还要还贷款，所以是负债？"

妈妈赞许地点头道："没错。很多人都在做同样的事情。他们觉得虽然要再贷款 300 万才能买到新房子，但是他们投资的是资产，房子还在不断涨，很可能过几年房子的涨幅就超过 300 万了呢。

事实上，自住房是刚需，一家三口一定要找地方住。除非卖了它，搬去便宜的区域，如前一阵子鼓动过很多人的故事：卖了北京的房子移居大理。否则，这 900 万只是数字上的幻象。如果你在同等生活水平的区域居住，卖了房套现，你必须支付房租，以及承受房价上涨、再难用同等价格买回房子的风险。

从投资的角度来讲，自住房的价格上涨只是账面浮盈，可以用来保值、增值，但却难以套现。不但不能带给你正现金流，每个月还需要从你的口袋里掏出一部分钱去偿还贷款。这就是你以为买的是资产、其实是负债的例子。"

"自用性资产，不是好资产。"我整理着学到的新知识，"不要买太好，满足需求就行了，省下钱去投资真正的好资产。"

妈妈继续说："很多人喜欢买黄金。有了钱，就买金条，存在银行保险柜里。因为觉得黄金保值，是资产。也有很多人喜欢收集古董和艺术品。我认识一个伯伯，每次去他家拜访，他都会指着自己的一堆收藏，跟我们一一介绍：这幅画价值几万，这雕塑价值几十万。

常言道：'乱世黄金、盛世古董'。这两类投资品，适合不同的人群和不同的经济大环境。在战乱时期，的确没有比黄金更好的保值品。但是，在如今的和平时期，就有些鸡肋了。如果喜欢，可以适当买一点。相较于其他投资品，黄金价值稳定，可以作为投资的稳定器和压舱底，或作为其他投资品的对冲。黄金的价格走势，通常与其他投资品相反。股市楼市汇市大跌的时候，才有黄金的用武之地。古董和艺术品则适合这方面的专家，只有他们才能鉴别出什么东西才真正有价值、有市场潜力。

这两类都是财富到达一定程度之后，才适合配置的资产。因为无论是黄金，还是古董或艺术品，都只有在卖出时才能套现，能否卖出差价未知，但一定无法带来正向现金流。"

"外公收藏的邮票和钱币也是这一类。"我说。

妈妈："对一般家庭来讲，投资这一类资产，不仅需要花时间和金钱去维护保养，还少了资本去投资其他好资产。当本金不多的时候，尤其要注意集中资源去投资。"

我："嗯嗯。多购买能带来正现金流的好资产。"

妈妈："滚雪球时，如果要雪球快速变大，就需要不断有新雪加入。好资产带来的正向现金流就是这不断加入的新雪。"

"嗯嗯。这次我彻底明白了。"我用力点了点头。

"真的明白了？"妈妈促狭道。

"要不你再出一个题目试试？"我不依地嘟起嘴。

3.　比好资产更好的资产

妈妈："世事复杂，要具体问题具体分析。有些资产，对某些人是好资产，对另一些人却不是。自住房不是好资产，但那些非自住房，如果能出租，不需要月供贷款，或者租金高于贷款，就是好资产。但如果买来租不出去，寄希望于房产升值而一次性获利，这种资产就不是好资产。无法出租，它的抗跌能力就比较弱，楼价一旦下跌，这一类房子就会最先受到冲击，跌得也最多。又或者，对善于投资股票的人来说，股票和基金能源源不断带来收益，就是好资产。对股票新手来说，时不时被割一把韭菜，就不算好资产。"

哦！投资，真不是容易的事呀！好像是福尔摩斯在分析案情。有挑战！我喜欢！

妈妈说："比'好资产'更好的是'值得积累的资产'。"

我挑眉："还有更好的资产？"

妈妈："好资产，是能够带来稳定的、持续性收入的资产。比好资产更好的'值得积累的资产'，除了能在持有期间产生现金流外，其产生的整体收益会随着时间有所增长，且增长速度比通货膨胀快。"

"说简单点？"什么现金流，什么整体收益，什么时间？我脑子里开始一片浆糊了。

妈妈："比如，房产，在楼市上涨周期，除了每个月能带来租金以外，楼价还会上涨带来整体的资产增值。比如一些高息股，除了定期派息，股价还持续上涨。这就是我们值得长远积累的资产。当然，不是所有房产都能持续升值，高息股也需要挑选。至于如何选，就要靠你长期的观察与思考了。总之，我们投资不是为了'赚钱'，而是为了赚'能产生被动收入的资产'。纯粹赚差价，那是单车的前轮。只有把前轮赚到的钱，输入后轮，购买好资产和值得积累的更好的资产，才能搭建真正的被动收入体系。此外，后轮产生的被动收入是否可持续、是否会逐渐增长，比被动收入的金额高低更重要。不能今天财务自由了，明天就打回原型，后天又财务自由。这样不稳定的被动收入不是真正的体系。"

"把投资比作踩单车，的确很有意思。"我琢磨着要去学校讲给同学们听。

"单车，还有一个重要的零部件。"只听妈妈又说道。

我仔细看着拼图，猜道："是不是齿轮？"

"没错。今天讲得太多了。改天再跟你说说齿轮。"妈妈打住话头，伸了个懒腰，"弟弟醒了，跟他一起去草地跑一跑吧。别一直待在屋子里。"

果然，听到楼上弟弟哇啦哇啦的讲话声。这才是妈妈停止上课的真实原因吧！哼！

父母偷偷学

和孩子一起踩一踩单车，体会踩单车时的奥义。怎么样容易跌倒。观察前轮和后轮的分别。

和孩子讨论，自己家的资产中，哪一些属于好资产？有没有值得积累的资产？哪一些看似资产，实际是负债？

阿东有辆单车。最近他上学都骑单车过来。用他的话说，既可以运动，又能省下交通费，一举两得。谁让他的游戏事业需要源源不断的资金投入呢。收入固定，只能从支出上想办法了。

我前前后后研究着阿东的单车。小学三年级时，就学会了怎么骑，还考到了单车章。但爸妈太忙，对骑单车也没兴趣。所以，我骑单车的时候屈指可数。阿东看我左瞧右瞧，就说："有什么好看的？想骑，就借给你骑呗。"

于是，在阿东的看护下，我在学校附近骑了一圈。学校在半山，一来一回刚好体验了一把冲下坡的刺激和爬坡的艰难。阿东教我如何针对不同路况对单车进行调档，也就是将前后轮间的铁链在不同大小的齿轮间切换。

財商亲子养成记：人人都能学会的理财故事书

1. 有趣的财富单车论

跟阿东简单讲解了一番财富单车论。作为资深骑手，他对这个理论的理解，又比我更深了一层。他说："骑单车时，不能东张西望，要认准一个方向。往前骑，不论上坡还是下坡，直到终点。对应投资，我想也是一样的——认准一种投资理念就不要变，朝着这个方向走下去。不论是升市还是跌市，坚持下去。不能因为左听一个消息，右听一个专家讲解，就打乱了自己的节奏，跟着其他人一会买一会儿卖，把当初的想法和规则都丢了。"

"哇！很厉害哦！看不出来，我们的电竞能手也很有投资天赋。"阿东的解读让我很惊讶。

阿东更滔滔不绝起来："骑单车不能心急，心急踩快了，单车被石头撞破的机会也大增。投资应该也是，不能心急，要如同一个猎人，懂得等待。骑车时，手要稳定，就像投资时不能过分紧张……"

看他那得意劲儿，不知道讲的是对还是错。"那齿轮代表什么？"我故意想为难下阿东。

"呃……"阿东一下子僵在那里。片刻，他挠挠头，不好意思地笑起来："我也想不到。你问完你妈妈，回来告诉我哈。"

2. 上坡与下坡

回到家，我忍不住和妈妈说起与阿东交谈的单车论。

"上坡好累，要使劲蹬。到最后，我都站起来蹬，才够力。下坡好快，直接冲下去，很吓人。想刹车，又怕急刹会翻车。"想起那辛苦和惊险，我还有些心有余悸，"对了，还有调档变速。阿东教我了，怎么切换齿轮调挡。齿轮到底代表什么？"

妈妈没有直接回答我的问题，她说："在投资时，向上升的牛市，通常比较漫长。有的时候，你都要蹬好一阵子，才反应过来，正在走一段向上的斜坡。等你反应过来，这是斜坡，就会有意识地用力蹬。就像投资时，发现自己身处于牛市，就会主动加大投入。你用的力气越大，越快往上爬。就像投资时，你投入越多，在牛市里浮盈越多。

你越早发现自己处于向上的斜坡，越早开始发力时，向上爬越轻松。最糟糕的是，等快到坡顶时，才反应过来，才开始用力蹬。结果一蹬，就进入了下斜坡。

下斜坡，和大跌市一样，通常又短又急。单车控制不住就一路往下滚，就像你的投资组合，价格刷刷往下跌，跌得你心惊肉跳。如果你急刹，把持有的投资品紧急卖出，就会立刻翻车（实现亏损）。如果你长期看好这个投资，风险又在有限范围内，倒不如顺其自然，跟着单车一路向下，前往下一个上斜坡。"

"是这个道理。"我点头。

"至于齿轮嘛……"妈妈顿了顿，口气中难得带了些迟疑，"不知道，现在就跟你讲，你能不能够理解？会不会让你走上了一条不归路？"

哈？这么严重？走上不归路？什么不归路？我狐疑地看着妈妈。

妈妈似乎是一边思考，一边吐字，说得尤其慢："齿轮，在投资里，就是杠杆。杠杆的使用，是一门艺术，也是一门哲学。"

3. 这是一条不归路

杠杆？我们物理课上学过呀。古希腊学者阿基米德曾经说过："给我一个支点，我就能撬起整个地球！"这跟齿轮有什么关系？跟投资有什么关系？为什么妈妈会说会走上不归路呢？

妈妈还在筹措用词，皱着眉思考着。

"其实，杠杆无处不在。只是很多人没有意识到罢了。"妈妈说得有些迟疑，"所谓杠杆，就是利用不属于自己的力量来帮助自己获得本来只靠自己力量无法完成的任务。"

我的头顶似乎冒出了好几个大问号。物理老师讲得很简单呀。他就画了一张图。然后告诉我们：一个杠杆只需要一个支点和一根长棍，当手握的地方离支点的距离越长就越省力，也就可以撬起更重的物件。看，多简单！

妈妈讲得真纠结呀！什么"不属于自己的力量"，什么"靠自己力量无法完成"，像绕口令一样。

杠杆

我正想跟她展示一下我的解释。只听妈妈又说道：

我们把钱存在银行，收取一定的利息。银行再用这钱，借给他人，收取更高的利息。银行借用了我们的钱，去获得利润。在这一组关系里，银行杠杆了我们，我们被杠杆了。

他人为什么从银行借钱？各有各的理由。假设一个人去银行贷款买房，因为他觉得房子会继续升值。他就是借银行的钱去赚取比利息更高的回报，这个回报也许是财务上的房价上涨，也许是生活上的改善。在这一组关系里……"

"这个人杠杆了银行，银行被杠杆了。"我接着回答。

妈妈："所以说，杠杆是利用不属于自己的力量，这力量可以是他人的时间、精力，也可以是纯粹的资金，使总的回报增加。"

太棒了！又发现了一项投资法宝！

正兴奋着，妈妈又一次当头泼下一盆冷水："但是，杠杆，是一面放大镜，它放大了回报的同时，也放大了风险。就像一把刀，用得好，可以帮你庖丁解牛、自我防卫；用得不好，会反伤了自己。"

我："怎么样伤呢？"

妈妈的语气很凝重："最简单的例子，一家公司即将在交易所上市，公开发售它的股票。因为新股赚钱的几率很高，很多人都会去购买。买的人太多了，就要抽签。金额越多，占的签数越高，被抽中的几率也越高。所以，就有很多人会临时贷款去抽新股。本来，你只有买 100 股的能力，现在因为用了杠杆，你买了 1000 股。如果每一股涨 1 元，原本你只能赚 100 元，现在赚了 1000 元，如果借贷的成本是 50 元，扣除杠杆成本后获利 950 元。这是理想的状态。但如果，每一股跌了 1 元，你原本只会亏损 100 元。现在你亏了 1000 元，借贷成本仍旧需要支付，因此，实际亏损了 1250 元，比不用杠杆多亏了 1150 元。"

我："哦！那应该怎么办？"

妈妈："股神巴菲特曾经说过，'毫无疑问，有些人通过借钱投资成为巨富。但此类操作同样能使你一贫如洗。杠杆操作成功的时候，你的收益成倍放大。但它会使人上瘾，一旦你从中获益，就很难回到谨慎行事的老路上去。'①当你用杠杆获得了几次成功后，这种收益的放大效应和人类的侥幸心理会诱使你变得'异常贪婪'，总乐观地以为，失败

_____

① 出自 2011 年 2 月巴菲特发布的《致股东的信》

不会出现在自己身上。为了获得更大的收益，于是进一步扩大杠杆。所以，我才会说，有可能让你走上一条不归路。"

果然是不归路，我心有余悸地问："有解决的方法吗？"

4. 借不借钱

妈妈自顾自说着："另外一个极端是，因为害怕带来成倍的风险，很多人选择完全不使用杠杆，即完全不借钱或不负债。"

我："完全不借钱，靠复利慢慢积累，也不错呀。没什么风险。"

妈妈："我们说过，不能回避风险，要管理风险。杠杆这么好的工具，如果不用，岂不可惜？况且很多投资项目都有门槛，资金体量要求较大，比如房子或私募基金项目，杠杆，或者说负债能帮助你跨越这个门槛，让你提前参与进去，节省了原始积累的时间。"

我："怎么管理？"

妈妈："杠杆投资的本质就是'套取利差'。也就是说，借来钱后，投资出去，能有比借钱成本更高的回报。如银行给你4%厘利息，贷款出去，能收回8%利息。中间的4%利差就是使用杠杆的理由。但是，如果没有利差或者利差很小，借不借？"

我摇头："利差很小，甚至没利差，还要承担风险，我借来干什么？"

妈妈又问："如果利差有，但是不稳定，可能有8%，也有可能只有2%，或4%，这时候，你还会使用杠杆吗？"

我摇摇头。

妈妈："所以，使用杠杆的前提必须是存在稳定的、且有一定空间的利差。如果你借了钱去投资，比如买股票，股票价格上上落落，今天赚一元，明天亏一元，这样适合用杠杆吗？"

我又摇头："风险放大十倍，我的小心脏受不了。"

妈妈："没错。因此，使用杠杆的前提，除了刚刚说的必须有稳定的，且有一定空间的利差以外，投资的产品也必须有比较稳定的价格。比如，你可以借钱去买稳定的债券，却不要买波动的股票。这是使用杠杆的第一个要点。"

我："第二呢？"

妈妈："第二，要控制负债的比率。"

我："我明白了，就像控制风险的范围一样。通过四个篮子的分配，把较大风险控制在第四个篮子里面，就算出现风险，其他三个篮子也不受影响。"

妈妈："真聪明。既然要找利差，借款的利息成本自然越低越好。市场上有各种各样贷款，借款期限和利率差异很大。你可能用低息长期的房屋贷款来投资房产，用短期、较高息的信用贷款来解决短期的资金问题，用债券户口抵押债券获得的贷款等，因此，一个家庭的负债情况可能是一系列的债务组合。

我们思考是否要用杠杆来投资时，看的是单个投资项目和筹集资金时单笔贷款之间的利差。但要控制风险的话，就要从整个家庭的整体负债水平来评估。因为一旦其中一笔负债出现问题，都可能影响到其他的投资。

一个公式——负债收入比＝月负债支出／月收入，可以用来评估家庭是否有能力承担当前的负债水平。参考值是40%。如果数值低于40%，说明家庭目前能够应付债务；如果低于20%，可以适当增加低利率的贷款，如给房子加按，以抵消通胀，并投入稳定且收益高于贷款利率的债券或理财产品；如超过40%，意味着负债过高，已超过家庭的承受能力，要进一步控制消费，增加收入，尽快提前清掉一部分债务。

这样，就算出现风险，你也能有能力支付债务。两个要点，用来决定你要不要使用杠杆。听明白了吗？"

我有些迟疑地说："理论上是明白了。但是，具体投资的时候，怎么用，我还没概念。"

妈妈："下周，我开始教你实战。到时候，一边投资，一边体会这些知识，理解就能更深刻了。"

哇！终于等到这一刻了！我高兴地差点跳起来。

父母偷偷学

和孩子讨论杠杆的好处与危害。和配偶一起计算一下家庭目前的负债收入比是多少，需不需要做出调整？

第七篇 创富实战

CHAPTER 27 本金的原始积累

　　妈妈终于要教我怎么实打实投资了！好高兴！好期待！平日里，放学后，我还都会留在学校和几个同学聊聊天再回家。今天是周末，一打下课钟，我就往回赶。

　　突然眼角扫到一个熟悉的身影——这是……阿杰的妈妈？她拎着公文包，低头站在另一位中年女士身边。那中年女士应该是她的上司，正在与她说话。不知是不是因为弓着腰的缘故，看上去比之前要苍老很多。

　　我很想上前打断她们，顺便问问阿杰的近况。自从小学五年级时，阿杰离开学校，我就再也没有见过他们。琪琪时不时还会从姨妈那里听到文轩家的消息。而阿杰一家，就再无音信。没想到，她妈妈就在附近工作，还被我碰到了。

　　那位女士说了好一会儿，我远远地站着，犹豫了很久，直到她们离开，我也没有胆量上前。想起三年前那场变故，不知道阿杰爸爸找到工作了没？他们的生活如何了？

已是黄昏，天边挂着淡淡的一轮弯月。怎么还没到夏天，已经这么燥热了？我忍不住用手扇了扇风，似乎这样，烦躁就能少一些。

1. 非常重要的资产

和妈妈说起这次相遇，妈妈沉默了许久，说："我们一直在说投资资产，要投债券、股票、房产、大宗商品等等，其实，每个人最大的资产就是我们自己。

经济、股市、债市都有周期，少则三四年，多则八九年，就会来一次轮回。价格会再次回归。但是，人生没有，过去了，就永远过去了，就像草帽曲线里的那条射线，一路往终点奔走，再难回头。

如果在年轻的时候，我们没有投资自己，不肯多读书，多学知识和技能，有针对性地提高自己，提前搭建被动收入体系，那么人到中年，上有老下有小，每月有上万房贷车贷，你只能屈从于生活。即便上司无理取闹、苛责虐待，即便你心中还有梦想，你只能忍着，不敢辞职。

投资市场上，风险与收益相伴相生。人生也是，年轻的时候，因为没有负担，可以去冒险去创业，也许就能搏一个前程。如果你年轻时不肯冒险，等到中年，你已经承担不了风险，自然就更难有超额收益。"

停顿了片刻，妈妈接着说："很多人投资高风险高收益的项目，总是心存侥幸。别人提醒他们有风险，他们却总想再多赚一笔，等出了问题再走。结果，往往等到真遇到问题的时候，你想走也走不掉。就像现在，谁都知道房价虚高，风险太大，总想着再等等，也许之后房价更高。可是真到房子泡沫爆掉的一刻，大家都会恐慌抛售，市场上只有卖家，没有买家，根本卖不掉。"

说着，妈妈深深地叹了口气，好像在感慨自己的遭遇："人生也是如此，天天在舒适区待着，打打游戏，看看电视剧，刷刷抖音，日子一天一天过。总觉得悲催的故事不会发生在自己身上，总想着等真遇到困难再说吧。结果，人到中年，被炒鱿鱼，才发现出去社会已经没有了市场，就算再重头学习，也要困难很多。你怎么去跟年轻人竞争？时间、体力和负重都不占优势。"

"嗯。既然投资自己越早越好，妈妈，快教我实战吧！别再浪费时间了。"我打断了妈妈长篇长篇的感慨，催促道。

2. 拼爹，还是投错方向

"哦！实战呀！你首先要有本金。"妈妈想了想，问我："现在，你的梦想账户里有多少钱？"

我跑去把梦想账本取来，指着最后一栏数字说："总计港币47 630元。"

"存那么多啦！不错！不错！"妈妈的表情有些意外。

我得意地说："那自然。我可是学校里的理财专家。"

妈妈："这样吧，你的梦想账户继续这么存着。按之前的约定，等你毕业后，给你最后金额的十倍，作为你闯荡世界、追逐梦想的本金。现在，为了奖励你这几年这么努力储蓄，我就给你相同的金额，作为你投资实践的本金。"

我惊呼："哇！也就是说，你会送我四万七千多本金？！"看到妈妈点头。我乐开了怀。如果现在照镜子，我相信，自己的脸上一定开出了一朵大大的花儿。

妈妈又建议道："你也可以向爸爸、外公外婆、爷爷奶奶集资，问问他们愿不愿意资助你练习投资。"

于是，我又乐颠颠地找爸爸，给外公外婆和爷爷奶奶打电话。爸爸大手一挥说："妈妈给多少，我就给多少。"

外婆说："很好！好好学！学好了，以后我的退休金都给你！"然后答应跟外公一人给我一万人民币。

爷爷年纪大了，身体不好。奶奶接的电话，她听了我的话，也很爽快："我自己用都不够，还要问你爸要。等你以后赚钱了，多买点好吃的给我哈。"呃……好吧！

意外的是，隔几天，二表叔打电话给我，听说了我要开始投资实战，也愿意捐助我港币一万元。

太幸福了。这么一来，我凑到了 13 万港币的本金。这难道就是传说中的"资本原始积累"吗？我很想仰天长笑。

回到学校，跟同学们分享，收到了一箩筐的羡慕嫉妒恨。

"想起一个励志故事。"家豪一脸深沉，"有个年轻人，每月工资三千，公司包食宿。他为了省钱，上班步行，平时不买衣买鞋，不抽烟喝酒，有聚会的话，都是靠别人请，一个月能存两千五。"

"我也听过。我也听过。"琪琪抢着说，"他省吃俭用，辛苦了一年，存够了三万。后来，他爸给了他 197 万，终于买了一辆价值 200 万的玛莎拉蒂豪车。"

"哈哈哈哈。"大家笑得前俯后仰。

"其实，几个亲人凑 13 万，又不算多。"媛媛撇撇嘴，"我妈爱买手袋，一个爱马仕的包包都要这么多钱。可是，她不一定会愿意给我 13 万学投资。"

资本的原始积累

"人本身才是最重要的资产。"想起妈妈的话，我说道："大家总是更愿意投资在外物身上，而忽略我们最重要的资产——自己。"

嘉恩也点头："就算投资在了自己的身上，也经常是乱投资。你看，爸妈让我上那么多兴趣班，一年加起来的钱肯定不止这13万。只是上这么多兴趣班，不知道有没有实际用处。还不如和你这样拿来学投资呢。"

"我有个主意！"家豪突然大声说，"不如，我们也都回家向爸妈集资，看他们愿不愿意？等有了本金，我们一起跟着投。"

其他几人一致同意，就各自回家向爸妈使劲儿去了。而我，既然已经筹集到了本金，下一步自然就是启动了。

妈妈在她用的投资平台上给我开了个独立的子账户。我看着账户里的余额，数了数13后的确有四个零，一时豪情万丈，感觉一条畅通宽敞的大道就在眼前展开。

"怎么开始？我要怎么做？"我迫不及待地问。

3. 盖住耳朵、守住规则

妈妈说："在投资的路上，会遇到很多人。大家可能因为投资目的、理念方法不同，而给你很多不同的意见。有的人想要短期高回报，有的人喜欢追涨杀跌，有些人听消息。总会有人跟你说，我投资了什么股票，大赚特赚。或者劝你做一些当时看来似乎更高收益的投资。这个时候，你要记住我今天说的话。"

我："什么话？"

妈妈："好的投资，依靠的是不以人意志为转移的规律。因为规律可以重复，可以学习。但那些听消息、猜测市场情绪变化的成功个例，难以复制。短期可以获得收益，却不能持久。不能用短期的结果来倒推过程的正确。尽管规律不能每次成功，却能大大提高你的成功率。长期来看，守住规律才能带来可持续的收益。就像赌桌上，暂时赌赢了，不代表你一直能赢。最好的规律应该是不去赌博。"

我点头："就是坚持做自己，不要听别人的。"

妈妈："不是不听，而是要搞明白别人成功的逻辑。是规律？还是个例？不要被成功的个例所迷惑，不要抱侥幸心理，不要赌小概率事件，要坚持按自己的投资逻辑投资。"

我："那要遵循什么规律呢？"

妈妈："有很多，比如经济规律、行业格局、供需关系和商业模式等，这些都是你未来要学的。"

好在，妈妈话风一转："不过，在这个阶段，我可以教你一个最简单的规则。"

"真的？"我半信半疑看着她，希望有些实在点的。

4. 便宜是硬道理

"规则一：便宜是硬道理。"妈妈说，"任何投资，你买入的价格越便宜，价格上涨的空间就越大，获利就可能越多。"

"这个规则太简单了。不用你说，我也知道呀。"我彻底失望了，"况且你之前都讲过市盈率，如果市盈率偏高，说明对公司的估值偏高，投资的风险就偏高。"

"既然你知道规律了，打算怎么用呢？"妈妈看着我，眼里含着笑。

我挠挠头，不太确定地说："在股市上看看，哪一个公司的市盈率特别低，就买哪一个？然后就像你之前说的，像那条蟒蛇一样，持有并等待，直到涨价到一定程度再卖出。"

"市盈率特别低的公司，万一经营不好，之后倒闭了呢？"妈妈的笑意越来越浓了。

"你不是说一般上市的公司都需要符合一定要求，都是行业里比较好的公司吗？怎么会倒闭呢？"怎么前后讲的不一致呢？我到底应该信哪一个？

"可能当初上市的时候经营得不错，过了几年竞争激烈了，生意转差了呢？"妈妈回答。

"呃……那我怎么能知道一间公司好不好呢？"我问。

妈妈："大多数人并不擅长选择公司。因为公司和个人的信息不对等。你跑去对方公司调研，走马观花看三四个小时，跟管理层聊一个小时，很难看出公司的真实情况。更何况，大多数人都只是在新闻和报告上了解企业。要掌握公司运营的实际状况，几乎不可能。"

不可能？那要怎么做？

妈妈对我眨眨眼："对于没有太多投资经验、没有很多时间研究公司的人来说，有一个取巧的方法。"

"没有经验？没有很多时间？说的就是我呀。什么方法？"我迫切地想实战！实战！实战！

妈妈吐了几个从未听说过的字出来："购买指数型基金。"

我："指数型基金？指数是什么？"

妈妈："股市上有成千上万支股票，在交易时段，每时每刻价格都在上下波动。你关注五六只、七八只股票的波动情况容易，但再要多一些，却不太可行，操作起来异常繁琐。为应对这样的需求，一些证券交交易所或金融服务机构，就通过抽样、加权平均等数学方法，编制出一套反应股票市场价格变动的指示数字，便称为'指数'。在新闻里，你能经常听说'今天恒生指数涨或跌了多少'，'国企指数跌或跌了多少'。"

我点点头，的确常听到。

妈妈说："大家根据这些指数来预测股市未来的走势。指数连续上涨，很可能就是牛市，大几率能赚钱；指数连续下跌，或者涨少跌多，可能就处于熊市，大几率在亏钱。

经济学家、政府也参考指数来制订经济政策。指数连续下跌，意味着整体经济状况不好，需要一些激励的措施。政府也许会降低利率，让企业借钱更便宜，刺激他们发展，或者出台一些有利于经济的政策。

投资人也会参照对应的指数收益，检验自己的投资业绩。如果收益高于对应的指数，说明投资业绩不错，反之，如果收益低于对应指数，提醒你要重新思考和调整自己的策略。如果我们购买投资经理的基金产品，也可以把该基金的收益和对应指数收益做比较，从而了解到这位基金经理的投资能力水平。"

嗯嗯。看来指数是一个非常有用的东西。

妈妈："指数基金就是选取某个指数作模仿对象，按照该指数构成的标准，购买该指数的全部或者部分证券，目的在于获得与该指数同样的收益水平。

以港股市场上比较热门的4支指数基金为例，安硕A50（2823）和南方A50（2822）都是追踪同一个指数——富时中国A50指数，该指数包含了在上交所或深交所上市的股票中市值最大的50家A股公司。

另外2支热门指数基金是华夏沪深300（3188）和安硕沪深300（2846），追踪的也是同一个指数——沪深300指数，包含了在上交所或深交所上市的股票中市值最大的300家A股公司，样本覆盖了沪深市场六成左右的市值。"

我苦着脸说："听不大懂。能不能说简单点？"

妈妈哈哈一笑，说："简单来讲，指数型基金购买的股票和指数的成分股相同，比例也一致。指数里面有这几只股票，相互之间的比例是这样的。对应的指数型基金就依样画葫芦也照搬一下。所以，指数升，指数型基金就升，指数跌，指数型基金就跌。

被动地买进指数成分股，不需要基金经理的主观判断，因此收的管理费低。

指数成分股不常变动，买卖交易比较少，因此，买卖交易带来的交易成本也低。

因为不是购买的个股，所以就避开了公司选择的难题。你不需要花时间仔细研究每家公司的财务状况，也不需要每天盯盘选股。你要控制的，就只是估值的高低。"

这下我听明白了。如果是什么A50指数，里面是股票市场上市值最大的50家A股公司。既然是最大的50家，应该不会倒闭了吧："但是，如果其中的公司经营不好了呢？"

妈妈："如果指数成分股的业绩不好，超过一定程度，就会被指数管理的公司剔出指数，换另外一家更好的。"

我："持有最大的50家公司啊，这么多家公司，我怎么知道它是便宜了还是贵了呢？指数也有市盈率吗？"

妈妈："有的。"

我呼了口气："那就好。现在便宜吗？"

妈妈："现在是熊市，正处于低估值区间。"

"那好。我就全买指数基金。"我雄心万丈。感觉前面不远处就有一个大宝藏，只要我稍微一用力，就能拿起里面金光闪闪的珍珠与宝石。

可是，妈妈的表情为何如此古怪？

父母偷偷学

和家人讨论，对自己这个最重要的资产，是否已经有了足够的投资，包括对健康、人生体验或知识技能的投资。如果是知识技能，是否是根据长远目标有针对性、系统地投入？

给孩子介绍一下常用的几个指数，看看这几只指数历史的波动情况，并找出对应的指数基金。

我狐疑地看着妈妈，她的表情为什么这么古怪？这是又想笑、又无奈的表情。

"你是打算13万全买指数型基金？"妈妈问。

我整理了下思绪，回答道："你不是说，当钱少的时候，要集中资金，才能有好的收益。既然你说指数型基金没有公司倒闭的风险，也就没有了本金丧失的风险，剩下都是市场波动的风险。你又说现在是熊市，估值在低区间。可不只要买入持有，等到价格回归的时候，卖出就行了吗？"

我盯着妈妈的眼睛，看她逐渐露出了赞许的笑意，我也高兴了起来。

"你想的不错。很有逻辑。"妈妈说，"不过，有个更稳妥的方法。"

嗯？更稳妥？

1. 散户和专业投资人的区别

"我们现在处于熊市，不知道这个熊市会维持多久。你现在全款买入，就只能等。有可能市场很快好转，更大的可能是继续往下跌。到时候，你看着账户里的钱越来越少，信心就会动摇。担心这次会不会跟以往不一样，估值没有最低只有更低，会不会不再反弹？或者因为时间太久，你急着用钱，熬不住，就会斩仓卖出，造成实际亏损。就算不斩仓，你也错过了更低的买入时机。"妈妈说。

我："有什么更稳妥的方法？"

妈妈："分段买入，一点点买。开始少买一些，留住资金。跌一点再买一点，再跌一点再买一点。跌得越多，买的越多。直到市场开始反转，方向比较确定了，再大笔买进。这就是专业投资人区别于散户之处。散户听到风声'现在的市场到了买入时机了'。好！就一股脑儿买入。而专业投资人会先小注分批买入，等确定性越来越高，再大笔买入。散户只关注方向，而专业投资人关注方向和节奏。方向对了，再一步步操作，不能急，不能一次性全额投入。"

"哦。那还是需要花很多时间和精力关注市场。"我以为只需要买入，然后等就行了。看来，不是那么轻松的。

"有一个很懒很简单的方法，可以大大减少关注市场的时间。"妈妈总是一次又一次给我惊喜。

"快说！快说！我记着呢。"我晃着手里的纸笔，催促道。

2. 懒人投资法

"这种做法，叫做'基金定投'，即每个月同一天、用同样的金额、买同一支基金。等价格回归后，就能获得不错的收益。

比如你买一支指数基金 A，每月投入 1500 元，第 5 个月全部卖出。在这 5 个月中，基金有很大的波动。第一次购买时，该基金是 30 元，上上下下后，到了第 5 个月又回到了原点。这 5 个月价格分别是：30、60、30、15、30。我们来算一下，5 个月后卖出，收益情况如何？这 5 个月，我们每月投入的是固定的金额 1500 元，总共投入了多少钱？"

"1 500 × 5 = 7 500 元。"我的心算还不错。

妈妈一边说，一边在电脑上操作："我们用 Excel 表，记录下不同月份买入的份数。5 个月下来，我们总共买了 275 份。对吗？"表格。

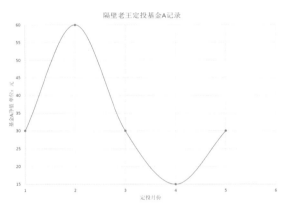

隔壁老王定投基金 A

月份	基金净值	金额	份数
1月	30	1500	50
2月	60	1500	25
3月	30	1500	50
4月	15	1500	100
5月	30	1500	50
总计		7500	275

投入金额	7500
卖出金额	8250
差价	750
收益率	10%

定投指数基金 A 的收益

我点点头。

妈妈继续说："现在我们用第 5 个月的价格卖出，275 份，每份和第一次买的价格一样，是 30 元。不计算交易费用的话，收回 8 250。比投入的 7 500 多了 750 元。收益率是 10%。"

"这么神奇？为什么会这样呢？"我惊讶极了。这条弧线这么均衡，有上有下，最后回归了原点。怎么就能赚钱了呢？

妈妈说："秘诀在于每个月投入的金额一样。"

"每个月投入金额一样，为什么会有这么大效果呢？"我还是没想出其中的窍门。

妈妈："投入的金额既然一样，那么在基金价格高的时候，买入的份数就少；价格低的时候，买入的份数就多。因为份数 = 投入金额 / 单价。用这种傻瓜的方法，实现了低价多买，高价少买的策略，拉低了整体的投资成本。最后卖出时，以当时价格和持有份数为准。尽管卖出价格只居于平均线，但持有的份数中多数是在低价区买的，少数在高价区买的。因此，依然能有很好的收益。明白了吗？"

我来来回回想了几次，终于明白了这神奇现象背后的原理。

妈妈："通过这个傻瓜方法，你就不用频繁地查看股市。强制性地高价少买、低价多买。当股市狂热时，这个方法让你不追入。当股市低迷，它会帮你不断追加，让你不会错过抄底的好时机。"

"太好了！我也要基金定投。"我开心地只拍手，这种懒人的简单操作方法，太适合我了。

妈妈："当然，任何方法都不是万能的。著名投资人乔尔·格林布拉特曾说，如果一个投资方法每年都有效，未来就不可能继续有效。基金定投也只是其中一种投资方法，同样能成功，也会失败。"

我："哈哈。听上去自相矛盾呀。"

"因为一旦一个方法有效，大家都跟着用，资源有限，利润也有限，自然这个方法也会失效了。"妈妈说。

我："哦。那基金定投这个方法缺陷在哪里呢？"

3. 懒人投资法的要点

妈妈说："首先，大概率而言，投入产出是成正比的。既然你投入的时间精力少，就不要期望基金定投能带来特别高的回报。

其次，要选择好开始定投的时机。现在处于牛市，还是熊市？如果是牛市，是刚开始上涨，还是已经牛了很久了？如果大多数人都欢天喜地，讨论股票气氛热烈，说明已经接近牛市末期了。不要在牛市的中后期进场。如果不巧，买入后发现原来是牛市，就要频繁一些关注，一到盈利目标，立刻卖出。否则，股价持续上升，定投只会把平均价格不断拉高，就违背了定投成功的原理。

第三，越跌越买。很多人看到账户在亏损，会很担心，就暂停定投，甚至卖了止损。这就表示他们不理解定投的原理。到了熊市，定投要大胆，越跌越买，甚至可以逐渐加大份额。

最后，会买同样要会卖。基金定投的优势是分摊成本，随着时间的推移，成本会越来越接近宏观经济的走势，摊薄成本的效果也会减弱，投资收益曲线变得更平滑。因此，基金定投不应该以时间长短来论，而要看收益的多少。建议每次只要赚到15%–20%，就可以全部赎回，再伺机开始新一轮定投。"

"嗯。我记住了。那我们开始吧。哪些是指数基金？我们定投哪一支好呢？"离成功越来越近了，我愈加迫不及待起来。

4. 怎么选择指数基金

妈妈给我看了好几支指数型基金的资料。我翻来翻去看了好几遍，看得头昏眼花的。为什么跟踪的是同一个指数，投资收益也会有差异呢？到底应该怎么选呢？

妈妈告诉我，要看两个指标：

（1）费率

跟踪同一指数的指数基金，费率越低越好，包括管理费率、销售服务费率、托管费率等。事实上，即使存在一定程度的偏差，但跟踪同一指数的基金获得的收益相差不会很大。因此，省下的费率就是实打实的。

（2）跟踪误差

由于基金存在着申购与赎回，因此仓位不能完全100%复制对应的指数，因此会与指数存在一定的误差，这是必然的。但是，优秀的基金经理能够采取一定的方法来减少误差的幅度，这是管理能力的体现。

一般指数基金合约要求误差必须控制在3%～4%以内，日平均跟踪误差不超过0.35%。如果，年跟踪误差在1.5%以内，日误差在0.2%以内，就是比较好的指数基金了。基金的年报、季报上都会列出与对应指数的差距，很容易找到。

妈妈还告诉我，股神巴菲特曾说："我会将所有钱都投资到一个低成本追踪标普500指数基金，然后继续努力工作……再把所有赚到的钱再次投资到低成本的指数基金。"他跟另一位投资专家打了十年期的赌，赌注是100万美金。2017年12月31日赌约到期。巴菲特选的一支标普500EFT完胜对方的5支优秀的组合基金，年回报高出将近5厘。

既然连巴菲特都推崇这个方法，我想，只要我守住规则，坚持下去，就一定能成功。

父母偷偷学

找出对应同一个指数的指数型基金，比较他们的费率和跟踪误差，找出最优的一支。看它的历史数据，和孩子一起模拟定投，体会定投基金的收益逻辑。

CHAPTER 28 我的两块被动收入基石

　　有一次，和同学们讨论，赚钱的行业有房地产。可惜我们小孩子没有本金，参与不了这么好的生意。妈妈却说，以我现在的财力也能投资楼市。妈妈一直很忙，她的第二本书快收尾了，正在最后冲刺中。每天下班回来，吃完饭，就开始在书房里写写写。她说，这是她被动收入体系的又一块基石。因为书一旦写完了，就不用再费时间和精力，坐等收版税即可。还有那些音频课程，录好了，放在互联网上，就可以持续卖。互联网是"人生人"的生意，只要内容好，就会有流量，获得新客户的边际成本几乎为零。用妈妈的话说——能以极低成本服务无数客户。

1. 我的第一块被动收入基石

妈妈还说，写作是一件很自然的事，只要能说话，就能写作。看着紧闭的书房门，我想，我是不是也可以写书呢？我说话还不错。这样，我也有第一块被动收入的基石了。

路过客厅，看到弟弟正拿着一把桃木剑乱舞，嘴里呜哇乱叫。他今年已经入读小学一年级。妈妈前几天也给他买了三个储钱罐，准备开始零用钱养成计划。想当年，我也是这么一路走过来的。

"叮！"我的脑袋里冒出一个好主意。也许，我可以把妈妈教我理财的过程写出来。我想，应该有很多很多孩子需要和我一样学习理财。太棒了！我忍不住冲进书房和妈妈分享我的想法。

"嗯。能不能赚钱倒是其次，写作最重要的作用是让你重新整理和思考你现有的知识。你需要先整理出知识结构、仔细思考知识点之间的逻辑关系、反复斟酌如何把你心中的想法用简单明了的话把它呈现出来。

只有动笔开始写，你才会发现，原来你以为已经掌握了的知识，不过是飘在空中的云彩。这里一片，那里一团，凌乱，厚薄不一，风一吹就散。为了把天空填满，你不仅要把现有的云彩（知识）摘下来，揉成一团，重新均匀地展开，还需要补充更多的云彩，并把它和旧的云彩揉在一起，直到它们完全交织成为一个整体，再贴上天空，铺得满满的、厚厚的。这样就算来一场暴风雨，也无法把云彩吹散。你也不会在时间的长河中遗漏掉任何一小片云朵（遗忘），因为它们已经是一个整体，你中有我，我中有你，真正沉淀成为你知识体系的一部分。

写作人常说'输出倒逼输入'，说的就是，为了写出好的作品（输出），你必须去学习和分析整理更多的知识（输入）。"

"哦！"妈妈说得我一愣一愣的。不是说写作就像说话一样吗？怎么还要把云揉来揉去的？好吧。也许我写着写着就能体会到了。

妈妈又说："我很支持你写作，也会一路指导你。不过，在开始之前，你必须答应我两个条件。"

"什么条件？"我问。

"第一，你得规划好时间，不能影响学业。你知道考大学有多重要？"妈妈严肃地说。

我点头。考上大学，我才有更多的选择权。

妈妈："第二，必须坚持。不能兴奋了两三天，写了几千个字就放弃。"

"嗯。像乌龟一样，不停往前走。"我用力地点点头。这些年，我体会到了坚持的力量。我坚持存钱，所以有了比其他同学更高的本金。我坚持定投，所以有了很高的收益。我明白复利和时间的力量。理财有复利，成长也有。每天比昨天多一点，未来就能多很多很多。

2. 虚拟与现实

写作是一个长期工程，最迫切的，自然还是学会如何参与投资。

在我又一次的催促后，妈妈终于停下手中的活儿，跟我讲起来："我们的钱，不一定是钞票，很多只是银行账本上的一个数字。我们投资黄金，不一定要去扛一个金条回来，可以买纸黄金。"

"什么是纸黄金？"一张画了黄金的纸？好新鲜。

妈妈："顾名思义，就是黄金的纸上交易。和银行账本一样，有一个黄金存折账本。就像银行本证明你拥有多少钱一样，黄金存折账本证明你拥有多少黄金。你不需要持有实物黄金，因此就不用找地方藏起来，买卖时，不用运输和鉴定黄金的真假。人们通过低买高卖，获取差价。

其实股票也是一样，你股票户口的数字证明你拥有某上市公司的多少股份，而不是持有实实在在的股权证书实物。但是，人家依旧根据你的股票份额，给你分红。这种就是实物的虚拟化。"

"房子也有虚拟的凭证吗？"原来虚拟实境一早就有啊，我还以为只属于游戏世界呢。资本市场真先进。

3. REITs 是什么东西？

妈妈："没错。这种投资品叫做'房产信托/地产信托'，英文全称是：Real Estate Investment Trusts，简称'REITs。说简单点，就是很多人把钱凑到一起，交给一个团队来管理，他们把融到的钱去投资房地产，收取租金后定期分配现金股利给投资人，如果卖出房产，收益或损失也都按比例归投资人。"

我："听起来跟买房地产企业的股票一样啊，为什么会有个专门的名字？"

妈妈："REITs 的确跟股票很像，可以和股票、基金一样在交易市场上买卖。但是它又不是房地产股。房地产股投资的是房地产公司。房地产公司通过股票融到的钱，可以去买地、造房子或者卖房子，也可以靠收租盈利。而 REITs 呢，主要靠管理物业、收取租金盈利，属于'收租股'。

对于地产股，房地产公司可以因为经营不善或加大投入而不派息或少派息，派息幅度由管理层自行决定。REITs 不行，证监会对它的股息分配比率有严格的规定。如香港证监会就要求香港的 REITs 派息率就不得低于租金（扣除运营费后）的 90%，其他国家地区也相差不多。也就是说，当它收回所有租金、减去运营开支后，最少必须 90% 作为股息发给投资人。因为都是现有的物业收租，租金相对稳定，REITs 价格也不会如一般股票那样波动剧烈。

对于地产股，管理层可以根据经营需要和市场融资情况进行借款，监管对其没有特殊规定。但 REITs，证监会要求贷款只能占总资产的45%。借贷比率低，比较安全。"

我："REITs 管理的就只是房子吗？"

妈妈："REITs 管理的房地产可以是住宅、写字楼、商铺、工厂大厦、酒店、车位、菜场、货仓，甚至医院和监狱都可以。和实体房子一样，REITs 持有的房子，如果房价涨了，REITs 的净值也会上升；房价跌了，净值就会跌。如果房子租金增加了，利息收益会增加；租金降了，利息收益也会降。"

我："那真和买实体房子一样呢。"

妈妈："还是有差别的，购买 REITs 的人不拥有房子的产权。不过，相应的，也不用像买实体房一样，办复杂的过户手续，找租客、维修等等。像股票一样，想卖就卖，立刻就能收回钱，很方便。尤其适合海外房产，不用头疼管理了，有专业的管理公司帮你打理，你只需要等待收租即可。"

REITs 是房产的证券化

我："这么好呀！房子这么贵，REITs 贵不贵？"

"因为 REITs 把房屋产权切割成了很多份，所以每一份的入场费很低，普通老百姓都能买。"说着，妈妈打开手机 APP，给我看了港股市场上的几支 REITs，从 5 元到 77 元不等，果然我也买得起。

妈妈继续说："大家那么想买房子，除了自住以外，无非担心通货膨胀、房价继续上涨。REITs 同样可以获得房价和租金上升的收益，有效对抗通胀。比实体房子更好的是，当房价开始下跌时，实体房不一定能立刻卖出，REITs 却可以。

实体房投入大，几百万只能买一个公寓，如果该公寓价格大跌，则面临本金损失的风险。同样几百万，你可以投入多个 REITs，每个 REITs 又持有分散在不同地区不同类别的多个物业，风险较分散，比全款投入一套房的风险要小太多了。

再说了，你不是投资房地产的专业人士，REITs 的管理人却是常年投资和管理房地产的专业人士，他们获得的信息更全面，大概率能比你选到更好的投资项目。

所以，在国外成熟市场，大家把房地产归入高风险投资类别，而 REITs 则属于较低风险类别。当然，风险和收益是对等的。基于它的低风险，REITs 的收益普遍低于股票，但高于国债和地方债。"

4. 我的第二块被动收入基石

"这么好的产品，大家怎么不投呢？"想着那些新闻里的年轻人，焦虑中透着痛苦，痛苦中带点绝望，要是大家都知道 REITs 就好了。

妈妈："中国内地还没有真正的 REITs，不过应该也快了。2014 年，已经开始尝试发行"类 REITs"产品，但由于相关法律法规不完善，产品无法在二级市场上交易流通。但这种产品在国外和香港已经非常成熟，发行只是时间问题。至于在香港，很多大妈都喜欢持有这些

REITs，不过她们以为 REITs 就是高息股票，并没有把它们看做是投资房产。而机构投资者，又觉得 REITs 的收益太低，不够吸引力，希望投资更高收益的股票或期权等投资品。"

我看着边听边记下的笔记，捋了捋思路，说道："嗯。低风险，又能享受房价和租金的升幅，定期收租。这应该属于财富单车的后轮，而且还是值得积累的资产吧？"

"我认为是的。"妈妈笑着点头，"每个人的投资理念和目的不同，也许对 REITs 有不同的看法。但我认为，这是非常适合没什么投资经验的新手投资的资产。"

"太好了。那我也要买 REITs。"指数定投套现后，眼看着指数这么高，还没找到新的投资途径。刚好可以用来投 REITs。这将是我继写作版权之后的第二块被动收入基石。

妈妈："因为 REITs 兼具股票和房产的特性，因此，一些股票和房产的影响因素也都需要留意。和房子一样，REITs 也要考虑宏观经济大环境，经济景气，房地产也比较兴旺。经济萧条，写字楼、商场类的 REITs 的出租情况就不佳。具体持有的楼盘地理位置如何？空置率高不高？地区是否集中？管理公司是否尽责等等。"

"哈？也不容易呢。"我皱眉道。

妈妈笑着安慰我："没事，这个行业比较简单，影响因素不像其他行业那么多。平常多看这几支 REITs 的评论报告和新闻，很快就能分辨出来了。"

我："这是房产特性，还有股票特性吗？"

妈妈："实体房如果买了，价格不会天天变，时时变。通常过一段时间才会有一套同一小区的房子卖了，有个参考价。而且不同房子的装修、位置、朝向、买卖双方谈判能力不同都会引起价格差异。价格不透明，因此感觉房价波动不频繁。

REITs 和股票一样，每个交易日在二级市场上交易，价格一样会时时上下波动。因此要承担市场波动的风险。尤其是整个股市大跌的时候，也会受到大氛围的影响，跟着下跌。要有心理准备。我们也可以像买股票一样，参考它的历史净值，来评估现在所处位置是否是高位，尽量以较低估值入场，获取较高的收益。"

"便宜是硬道理嘛！我懂得。"我嘿嘿一笑。

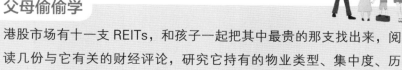

父母偷偷学

港股市场有十一支 REITs，和孩子一起把其中最贵的那支找出来，阅读几份与它有关的财经评论，研究它持有的物业类型、集中度、历史派息和净值波动情况。

CHAPTER 30 妈妈的被动收入体系

　　妈妈的投资平台上可以浏览世界各地的股票和 REITs，不过都是英文，又是财经术语，看得很吃力。终于明白为什么妈妈总说英文重要了，中文的投资资讯实在太少了。有感于此，现在上英文课，我都特别认真。

1. 放眼全球，找 REITs

　　香港有近十支 REITs，查看它们 2017 年的表现，其中"汇贤"派息最高，达到 8.5%，但净值增长只有 0.6%；最低派息的是"领展"，只有 3.2%，却有 42.3% 的净值增长。

　　从网上资料来看，"领展"是第一家在香港上市的 REITs，也是全球以零售为主最大的 REITs 之一，持有的物业遍及香港、北京、上海和广州，光在香港就有约 90 万平方米的零售物业，6 万多个车位，在内地有约 30 万平方米的零售和办公室物业，也是恒生指数成分股。妈妈说，因为它在 2017 年卖出多个物业，打算拓展内地业务，也正从主打基层小区商铺转型走更高档路线，因此股价上涨较快。因为少了物业，收租情况就比往年差，派息就少。

　　净值增加幅度第二高的是"冠君"，也已在香港上市 12 年了，持有香港中环最大的甲级写字楼花园道三号、旺角朗豪坊商场及写字楼。妈妈说，购买香港的 REITs 比较简单，只要去持有的物业走一走看一看，就能大概了解到这些楼宇的经营情况。"冠君"去年也升了 36.1%，因为集团声称打算卖出香港中环的花园道 3 号写字楼，吸引很多投资人购买，刺激净值大幅上涨，派息率为 4%。

　　"汇贤"是香港唯一一支人民币计价的 REITs，持有的主要是中国内地的零售商铺、写字楼、酒店和服务式公寓。比如北京君悦大酒店、沈阳丽都索菲特酒店等等。虽然派息最高，但管理业绩不太理想，所以，净值没什么增长。

　　还有一家在新加坡上市的"枫树北亚商业"REITs 挺有意思，在新加坡上市，持有的最主要物业却是香港九龙塘的又一城，另外在北京、上海和东京也有商场和写字楼。

　　妈妈说，投资这种外币计价的 REITs，还需要考虑汇率风险。可以采用投资金额的 50% 用港币换成外币、剩下 50% 使用当地货币杠杆的方式对冲汇率波动。这样，两种货币各占 50%，无论外币对本币升还是跌，都有另外一半抵消。你就只要考虑 REITs 本身的投资风险了①。

据说，最近几年，有很多人跑去日本买房。这种海外置业因为不熟悉当地法律税费和当地的商业情况，很容易投资失误，且买了很难管理，收益率也不高。实在看好日本楼市，可以购买日本 REITs。日本约有 60 支 REITs，有写字楼、酒店、住宅各种类型。市值最大的 "Nippon Building Fund" 2017 年净值增长 6%，派息率 3.3%，收益率高过直接投资物业，风险也低。这几年很多人特别喜欢去日本旅行，旅客数目逐年大增，酒店供应不足，加上 2020 年有奥运，2025 年有世博会，都会刺激酒店类 REITs 的增长。

美国的 REITs 超过 200 支，什么都有。如果看好美国经济，也可以选市值高的 REITs 投资，尤其是那些受网购影响下的，物流仓储类、工业类的物业，很有前景。

啊呀！我要好好补英文了，书到用时方恨少。英文报告看不过来呀。

2. 两年的收益

时光荏苒，我在读书学习、看 REITs 报告、读财经新闻的忙忙碌碌中又过了两年。期间，我又定投了一次指数。股市在这两年大起大落，波动异常频繁。定投基金的获利模式是通过定额投资，由价格差影响份数的多少，价低多买、价高少买。因此，基金越稳定，收益越小；价格起伏越大，效果越明显。这次定投的收益比上一次更高，两年达到了 25%。

---

① 五五分汇率对冲方法，出自 Starman 的《现金流为王》

如今，我持有了两支 REITs。因为"领展"每股要 70 多元港币，太贵了。我就选择了比较便宜的，主要在大陆投资的"越秀"REITs（代码 405，非代码 123 的地产股"越秀地产"）和主要持有香港商铺的"置富"REITs。整个组合每年也能收到 6000 多元港币的利息。

投资大佬们也许会对这么低的收益表示不屑，但作为中学生的我，已经很满足了。这是实实在在的被动收入呢。尤其是在市场大幅波动的时候，REITs 的净值还能稳步提升。妈妈说，因为大家要避险，所以多了很多资金投资 REITs。看着其他股票一路大跌，唯有我的在往上升，怎一个爽字了得。尽管升幅很小，依然挡不住我心头的快意。

而我计划的第一块被动收入——写作出版，就没有这么乐观了。写作，并没有预想得那么简单。我贴在网上的文章，基本没有人看。要想靠写作赚钱，嗯……路还很长。输出倒逼输入的效果，倒是感受很深。写完一篇后，相关知识的确能更加融会贯通。

如今，我已经是中学五年级了，正在准备申请国外的学校。顺利的话，也许明年就能出去。去年，嘉恩已经先一步去加拿大读书了，阿媛也在今年转去了澳大利亚的中学。明年我会在哪里？我会舍不得香港，舍不得离开家。但妈妈说，雏鸟长大，终要离家。世界很大，一定要出去看看。未来会是怎么样？有些期待，有些担心，有些向往。

3. 妈妈的被动收入

"妈妈，国外读书很贵吧？"记得好多年前，妈妈为了鼓励我储蓄，曾经算过一次。但后来我储蓄太勤快了，常常超额完成目标，也就没有再照着那个计划执行 . 现在对那细节都不记得了。

"只要你不乱花，还好。"妈妈头也没抬，回答道。

"你什么时候退休？"我问。

"想退休的时候就退休呗。"妈妈继续。

"那你的被动收入足够我们的日常支出吗？"香港生活成本那么贵，我再去国外读书生活，岂不是雪上加霜？

"嗯。"妈妈想了想，回答："如果你不乱花的话，一个月的被动收入可以供你在英国读一年。美国还不行，私校的话，需要一个半月。"

哦！我惊呆了。因为我们都要出国了，琪琪很羡慕。她家条件一般，供她出国比较困难，所以，她常常念叨出国的费用有多贵。爸妈过得都简朴，不像嘉恩和阿媛的父母，会买很多奢侈品，常常去吃米其林餐厅和旅行。他们也一直在很忙碌地工作。我一直以为家里的被动收入应该只是比现在的支出高一点。如果要出国读书，就不够了，需要动用积蓄。

"那你就退休去国外陪我读书吧？"这个家，爸爸太严厉，我最喜欢妈妈，很舍不得她。

妈妈摇摇头："你要独立，才能真正长大。况且我喜欢现在的工作，它让我的生活更充实，更接近市场的前沿，更能促进我的思考和成长。"

"你还需要成长吗？"我问。

"当然，世界一直在变。不坚持学习，我就要被机器人替代啦。"妈妈笑笑，"况且投资策略也要根据不同的市场环境进行调整，没有永恒有效的方法。你不学习，如何知道怎么调整？"

我："你这么多被动收入靠的是什么？也是REITs吗？你那几本书的版税多不多？"

妈妈："版税？呵呵。就像我说的，写作最大的功用是促进我们思考。写作会带来些收入，不过只能做零花钱。有一部分来自于实物房地产的租金、一部分靠REITs、还有一部分是债券。"

"债券？债券有什么好？"这些年，我已经对各类投资品有了大致的了解。简单来说，购买债券就是别人问你借钱，约定到期把钱还你，在此期间，每季度或每半年付利息给你。

寻找被动收入体系的一块块基石

4. 债券

妈妈："对于大多数非专业投资人来讲，说到'债券'，通常指的是'债券型基金'。很少有散户直接购买债券。一来，债券入场费比较高，通常要 10 ～ 20 万美金；二来，直接售卖债券，银行只能收到很少的佣金，如果买了债券持有到期，更是连卖出的佣金都没有，所以，银行一般也只会推荐你债券基金。

债券基金和债券不同，是一堆债券的组合，没有到期日，和股票基金一样可以随时买卖退出。好处是入场费比较低、有专业人员帮忙打理、不用费太大心思。缺点是管理费高，且需要与银行等销售机构分成。

债券本身是较低收益的投资品，由于要支付管理费和佣金，债券基金必须拉高收益率。如何拉高收益率？那必然要配置一些利率较高但风险同样高的低评级产品。在市场形势好的时候，收益率很高，大家一片欢欣。但一旦市场不好，就容易出现多次踩雷的情况。

事实上，如果你了解债券的回报与风险，满足投资门槛后，自己直接投资债券是一个比较稳定且收益不错的投资途径。一旦选择好了债券，就不用太过关注每日的波动，定期收息，到期回本，再适当加杠杆，利用利差交易，在低息环境下，获得 10% 以上的年回报并不难，是产生被动收入的不错的工具。"

"10% 以上的年回报？这么高？风险不会很高吗？"我有点怀疑。

妈妈解释道："假设 A 公司发行 100 元的债券，约定 5 年到期，期间每年给 7% 的利息。7% 则为票面息率，100 元为票面价格。

隔壁老王购买了这个债券，隔一阵子，他想买房，就打算在二手市场上把债券卖了套现。于是，他 95 元在二手市场上放卖。

和股票一样，债券的价格也有上下。会根据市场利率、公司经营情况的变化，有小幅度波动，因为到了 5 年期，只要 A 公司不违约，就能收回 100 元，因此不会像股票那么波动大。

由于债券有到期保本的特质，当债价上升，可考虑卖出，赚取价差。当债价下跌时，则可持有至到期赚取收入。是进可攻退可守的投资品。

此时，你以 95 元接手了这笔债券，那么你不仅每年能收到 100 元的 7% 作为利息，到了到期日，还能收回 100 元。假设剩下 4 年到期，那么实际的收益率是（100–95）/95/4+7%=8.3%。这实际收益率 8.3%，就叫孳息率（Yield–to–maturity）。

因为债券比较稳定，银行会给债券提供较高的融资率，有些私人银行可以提供高达 80% 的融资比率。

为降低风险，以 50% 抵押来计，目前美金的贷款利息为 2.5%。假设我花 50 元本金，剩下 45 元银行贷款，购买隔壁老王的债券。如上所述，50 本金的孳息率为 8.3%，贷款部分的收益率为 8.3%–2.5%=5.8%。这样，我 50 元本金最后的收益率为 8.3%+5.8%=14.1%。

所以，只要有利差存在，选对债券，就只需要坐等收息，不用太频繁去纠结债券价格的起伏了。而如何选好债券，看国际机构的评级，看公司的基本面，基本就能搞定了。"

"听上去好像很容易呢。我也可以购买吗？"忽然想起来，妈妈说，平均每支债券入场费要 10 ～ 20 万美金。太贵了。我很失望，这么好的投资品，我就这么错过了！只能等以后了！

妈妈摇摇头："就算你有这么多钱，也不能现在就投资。还记得吗？投资债券的风险属于本金丧失风险，一旦公司违约、倒闭，你就收不回本金。所以，对你的选债能力有很高的要求。如何看一个行业和一家公司的基本面，你没有一定的投资经验积累，是很难把握的。"

"你会担心吗？你投的公司违约。"我问。

"还记得我跟你讲的如何管理风险吗？"妈妈反问。

我点点头："先通过资产配置法，把高风险的投资限定在一定比例内。即便高风险投资全部出现问题，都不会影响生活。然后在高风险的投资账户，进一步分散风险，在不同的地域、不同市场、不同的品种之间构建投资组合，来抵抗单一市场、单一品种下跌的系统性风险。"这几年，我在投资知识方面的成长可不是一点点。时间，果然能带给我力量。

妈妈赞许地说道："没错。首先，债券只是我们家资产配置的其中一部分，全部损失虽然很沉重，但依然不会影响我们的生活。在债券投资范围内，把资金投资于不同地区、不同行业、不同投资级债券的公司中。在选购时，控制评级、研究行业和公司的基本面、控制单一债券的总额、控制债券的久期（距离到期时间的长远）。买入后，监控公司发展、关注评级变化、了解当地政局形势，及时对债券作出风险评估和应对。这样就能较好地管理风险。等你收到利息后，又可以购买其他债券，进一步把投资分散。

目前，我持有了近 20 支不同公司的债券，大多都是美国公司，部分为德国和英国的公司，覆盖消费类、科技类、医药类、地产类等多个行业。至于杠杆率过高，处于宏观经济不太稳定的中国企业债，暂时没有购买。为了有流动性，只买二级市场公募债，不碰信息不太公开、难以脱手的私募债。

还有一点非常重要：控制杠杆比率。还记得吗？杠杆可以放大收益，同样能放大风险。使用杠杆要尤其谨慎。"

　　"嗯。以后我也要投债券。"要赶快存钱，我暗暗对自己说。

　　"不急。你的路还很长，未来有无限可能。"妈妈用温柔的眼神看着我，声音柔和。我对未来生活的那份忐忑，似乎就在这眼神下，忽地消失了。

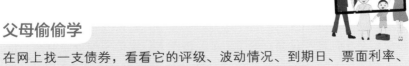

父母偷偷学

　　在网上找一支债券，看看它的评级、波动情况、到期日、票面利率、价格、市场价格，计算一下孳息率。

我看一眼坐在身边的妈妈，她戴着眼罩，歪着头，靠在椅背上，正睡得香甜。前面那排座位，爸爸正跟弟弟一起在打游戏。

我想睡，却睡不着。打开身旁的小窗，阳光一下子冲了进来，明亮、炫目。我眯眼适应了好一会儿，才又向窗外看去。

窗外的云，和平时仰头看到的轻盈完全不同，特别得凝重。一团团堆在一起，异常浓密。一动不动，不像云，更像山峦。近在咫尺，却又无法触碰。如我的未来，即将开启，却又总隔了一层。这种因不确定而起的担忧，和这云一般，沉甸甸地压在心头，让我怎么也睡不着。

我看着远方的云层和天际发呆。

我终于要一个人离开家，去异国他乡，独自生活了。妈妈让我在英国和美国中选一个。我选择了来美国。因为巴菲特在这里，彼得林奇在这里，华尔街在这里，最好的商学院也在这里。对此，我期盼过，我渴望过，我预想过。可真到了这一天，心情却总也开怀不起来。

前几天，与家豪、阿东、琪琪他们道别。家豪说，要跟我打个十年的赌约。像巴菲特和对冲基金的十年赌约一样，赌我们十年后的投资收益。我受妈妈影响，偏好价值投资，而他则更倾向于趋势投资时追涨杀跌带来的快感。平日里，我们因此时有争论。这样的赌约，是一种激励，激励我们各自在投资一路上继续努力。也是为了维系，担心未来山长水远，慢慢没了联系。有赌约，就有借口相聚了，不是吗？

至于赌注，是我定的。妈妈常说，我们生活不错，要知道感恩。世界上还有很多穷苦的人们。有余力，就要帮一帮。所以，我说，输了的人，要把收益的 10% 捐给慈善机构，赢了的人，只用捐 5%。家豪欣然应允。于是，我们就在阿东和琪琪的见证下，定下了这十年之约。

一路胡思乱想着。

想起我画的两条梦想时间轴。我已经走过了一半，离目标越来越近了。这些年，我比同龄人多走了一条路，似乎就比别人多了很多时间。时间是最神奇的东西，如果你不珍惜它，它便在你不知不觉中，流失地一干二净。如果你视它为宝，一段时间后，它就会成倍地奖励你。在开始学理财之前，我并没有想到能有这么大的收获：财富上，自然是最直接的回报；生活上，理财让我成为小圈子里的知识领袖；学习上，因为立刻就能用上，我对数学和英文都更有兴趣；性格上，我变得更加自信，更加成熟。总之，好处说也说不完。

又想到最开始阿杰和文轩两家发生的纠葛，似乎已经非常非常遥远。因为那场变故，开启了我学习理财之路。我从此知道了什么是现金流。我明白了每月留下来的金额比每月的收入更重要，这是雪球滚动时快速变大的动力。我还知道，现金流流速越快，创造财富才能越快。三种不同的现金流动模式让贫富差距越来越大。富人的收入来源很多，被动收入成为主力，源源不断的正向现金流又买入资产，资产再生出正现金流，形成良性循环。正现金流，也是我实行价值投资的底气，在市场下行的时候，让我有能力继续买入。

这些年，当同学们玩抖音、打游戏、追韩星、跳街舞的时候，我在学习财经知识、阅读公司财报。我努力做龟兔赛跑里的那只乌龟，只朝着自己的目标慢慢前进，不被潮流所诱惑。因为妈妈告诉我，资源是有限的，潮流所在的地方，资源肯定被争抢得很稀薄。要想获得比别人更多的收益，就要逆潮流而行。就像跷跷板，你要站得高，就得选人少的一边。投资也是如此。当大家都在热炒一个概念的时候，这个概念就已经很贵了。要在人堆里捡便宜货，你当别人都是傻子？

股票起起落落，我不再如一开始那么担心。因为我理解了什么是风险。我知道，通过配置把风险控制在一定范围之内，就算全盘皆输，我也可以承受。投资就是投概率，选择大概率会赢的事件，只要守住规则，有时候会输，但大多数时候会赢。是金子总会发光，便宜是硬道理。只要你在便宜的时候投资了一个好的标的，就算变得更加便宜，也会有反弹的一天。把时间的维度拉长，风险也就没那么大了。也因此，我不再害怕失败，无论是投资还是人生。只要我坚持努力，未来总可以翻盘。

我开始懂得去分辨规律还是个例，不会因为一个光彩夺目的个例而影响我的规则。大道至简，很多时候，长久的成功就是因为坚持了大家都明白的道理，而不是依靠短期带来高收益的小伎俩。收益高，出错率也高，五到十年后，总收益又如何？不如稳扎稳打，按规则而行，利用时间和复利，持续的低收益会积累出庞大的雪球。

在几次投资成长股失败后，我体会到妈妈讲的"美妙的未来不如踏踏实实的现在"的道理。独角兽的未来再美好，故事再动人，未来的变数太大，失败的几率太高。人们总是会有丰满的预期，却只有骨感的现实。因此，投资拥有实实在在盈利的价值股，成功率高过估值过高还没盈利的成长股。人生也是如此，掌握好现在，你就会有美好的将来。只期待将来，却忽视现在，将来很多时候只会是一股五彩斑斓的肥皂泡泡，一触碰，就消失无踪。

自己才是最重要的资产。真正的财富自由，并不只是拥有很多很多钱，而是有追求自己喜欢的生活的自由。真正的财富自由，也不只是拥有很多很多资产，而是拥有赚取资产的能力，即便遭遇失败，从零开始，也不会惧怕，不会退缩……

纷乱的思绪在脑中飘荡，似乎有人在我耳边缓缓地呢喃。许久，这呢喃慢慢飘远，仿佛是远处街头巷尾的嘈杂声，嗡嗡嗡，听不真切。我追着这声音而去，眼前景色飞速划过，长满青草的山坡、有很多红色屋顶房子的小镇、苍翠的连绵山脉，然后是一条小溪。那声音早已不知去向，我便随着小溪缓缓前行。不知多久，我变成了小溪的一部分，我中有你，你中有我。忽然一起跌入山崖，轰隆隆急速奔跑，冲散沿途的碎石，重重地撞击在高耸、坚硬的大坝上，激起千堆雪。

我睁开眼，揉了揉撞在机舱壁上的额头，原来又是一场梦。空姐们已经在分发餐点，再过一个多小时，就要到达目的地了。

古罗马传说里有一位叫"雅努斯"的门神。他有两副面孔，一个在前，一个在后；一副回望过去，一副展望未来。我站在通往全新未来的关口，面对着即将生成的崭新世界，我也许还不曾完全理解过去几年发生的一切，但是，我每时每刻都在创造着将来。这也许就是雅努斯的隐喻。

未来，会有无限可能。

未来无限可能